高等学校应用型新工科创新人才培养计划系列教材

高等学校数据科学与大数据技术专业系列教材

Python 游戏化编程

主 编 刘 怡

副主编 孔维超 冯庆蓉

西安电子科技大学出版社

内 容 简 介

本书为 Python 语言基础性普及类教材，开篇由美国 CodeCombat 公司研发的一款在线游戏的计算机语言学习系统入手，逐渐打开 Python 之门，让读者在轻松的环境下快速上手，使用 Python 编写简单程序。全书共五章，涵盖了 Python 基础知识、函数与文件、数据结构与算法基础、图形化编程、用户界面开发等常用知识体系。各章节中所用案例均围绕“游戏化”的核心思想，辅以项目式教学方式，让枯燥的代码变得生动有趣，有利于激发初学者的学习兴趣。学完本书，读者可具备基本的 Python 独立编程能力，并能完成有灵魂、有深度的作品开发。

本书适用面较广，即可作为高等本科院校、高职高专计算机专业和非计算机专业的教材，也可作为其他爱好 Python 的读者的学习参考书。

图书在版编目(CIP)数据

Python 游戏化编程 / 刘怡编著. —西安：西安电子科技大学出版社，2021.1
ISBN 978-7-5606-5903-9

Ⅰ. ①P…　Ⅱ. ①刘…　Ⅲ. ①游戏程序—程序设计—高等学校—教材　Ⅳ. ①TP317.6

中国版本图书馆 CIP 数据核字(2020)第 218431 号

策划编辑　陈　婷
责任编辑　李　蕾　陈　婷
出版发行　西安电子科技大学出版社(西安市太白南路 2 号)
电　　话　(029)88242885　88201467　　　邮　　编　710071
网　　址　www.xduph.com　　　电子邮箱　xdupfxb001@163.com
经　　销　新华书店
印刷单位　咸阳华盛印务有限责任公司
版　　次　2021 年 1 月第 1 版　2021 年 1 月第 1 次印刷
开　　本　787 毫米×1092 毫米　1/16　印 张　15.75
字　　数　374 千字
印　　数　1～3000 册
定　　价　36.00 元
ISBN 978－7－5606－5903－9 / TP
XDUP 6205001-1

前　言

1989 年圣诞节期间，为打发无聊，荷兰人吉多·范罗苏姆（Guido von Rossum）开始着手写 Python 语言的编译/解释器。1991 年，第一个 Python 编译器(同时也是解释器)诞生。Python 译为蟒蛇，取名灵感来自于创始人所喜爱的一个戏剧团体，这个团体就叫 Python。虽然 Python 的诞生如此随意与平凡，但丝毫不影响其强大通用的功能，这也映衬了该语言大道至简的设计思想。

Python 在短短数十年的时间内发展成为国际上最受欢迎的程序语言之一。国内外主流互联网公司的门户网站都无一例外地使用了 Python 语言，如大家熟知的阿里巴巴、腾讯、Facebook、Google、NASA、YouTube 等，就连阿尔法狗也是用 Python 写的。教育界也非常重视 Python 的普及，如山东、北京等省市已经将它纳入了中学教材和高考范畴。2017 年 12 月，教育部取消计算机二级考试中的 VF，替换为 Python。所有数据说明一点：Python 的广泛应用已成大势所趋。Python 之所以受到全世界编程界的青睐，归功于它的简洁性、易读性和可扩展性，通俗地说就是“上手快、简单易学、功能强大”。

本书将从一款在线游戏入手，带领大家认识 Python。这不是普通的休闲游戏，它叫 CodeCombat，是由美国 CodeCombat 公司研发的，通过玩游戏来学习编程的在线系统，也是 GitHub 上最大的开源 CoffeeScript（一种脚本语言，类似 JavaScript）项目，有上千程序员和玩家为其编写程序、测试游戏。到目前为止，Python 已经被翻译成近 20 种语言。

CodeCombat 是一款多人编码游戏，该游戏的任务就是教会读者如何编程，并且通过游戏来提升开发者的技能水平。该游戏总共超过 9 千关，通过编写代码来操作角色实现晋级、完成通关等。

目前全球已有 200 多个国家，超过 500 万用户使用 CodeCombat，在北美地区 13 000 多所学校、超过 31 000 名教师将它用于编程教学。当然这些学校并不仅局限于学习 Python 语言。

本书内容部分依照 CodeCombat 设计，让读者在完成游戏闯关的同时学会 Python。CodeCombat 的设计理念非常新颖，玩玩游戏就能学会编程，对初学者来说是非常具有吸引力的。本书通过第一章带领读者完成 Python 的入门，培养兴趣。全书共五章，涵盖了

Python 基础知识、函数与文件、数据结构与算法基础、图形化编程、用户界面开发等常用知识体系。

由于编者水平有限，加上时间仓促，书中不妥之处在所难免，请读者批评指正，提出宝贵意见和建议。

编　者

2020 年 5 月

目　录

第一章 Python 入门

1.1 Python 开发环境和运行方式

登录官网 https://www.python.org 下载最新版本的 Python，安装后打开 Python 所在的文件夹，找到 IDLE 文件，它是 Python 自带的基本 IDE(集成开发环境)，是初学者不错的选择。利用它可以方便地创建、运行、测试和调试 Python 程序。

启动 IDLE 后首先看到的是它的代码运行界面 Python Shell，通过它可以进行交互式编程，简单来说就是与电脑直接对话。其标志为>>>，表示电脑等待你的输入，输入后回车，电脑会回应输出结果或者>>>，输出结果代表电脑的回答，>>>表示“前一句我听到了，您继续说”。图 1-1 为 Python Shell 的初始界面。

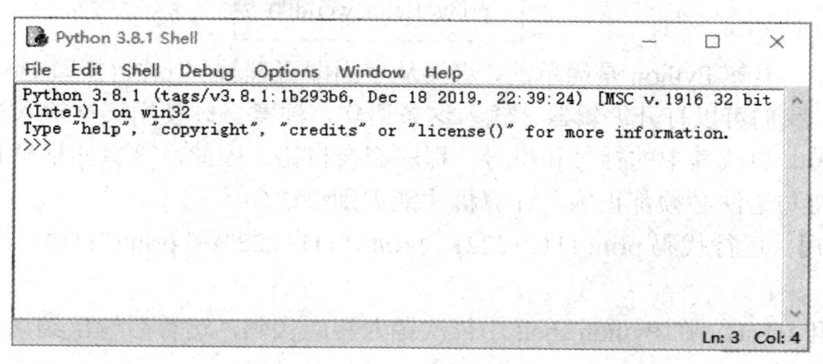

图 1-1 Python Shell 初始界面

除此之外，IDLE 还带有一个编辑器，用来编辑 Python 程序(或者脚本)。单击 File→New File，即可在编辑器界面打开新建的文件。编辑器是一个脚本式解释器，用来解释执行 Python 语句。简单来说就是先把要对电脑说的话作为脚本全部写好，再利用调试器来调试脚本，即检查整篇文章是否有错。脚本编辑好后，单击 Run→Run Module 或按下快捷键 F5 便能自动检测执行这个脚本。其他细节比较抽象，笔者会在后续章节中逐步进行说明。

1.2 基本语法

计算机语言是人类与计算机对话的桥梁，它和传统语言一样由词汇按语法规则连接组成。其中词汇由字符、数据和算法构成。

1.2.1　字符

在电脑屏幕上打出“Hello, World!”是程序员不成文的“入行礼”。据说这是第一条程序语言，标志着电脑诞生并向全世界问好。对此“入行礼”几门主流程序语言分别是这样实现的：

C

```
#include <stdio.h>
int main()
{
   printf("Hello,world!");
}
```

C++

```
#include <iostream>
using namespace std;
int main()
{
   std::cout                <<
   "hello,world!"           <<
   std::endl;
   return 0;
}
```

Java

```
public class helloworld   {
   public static void main(String[]
args)   {
   System.out.println("Hello,
world!");
   }
}
```

而 Python 是这样实现的：

```
print("Hello, world!")
```

对比一下，显然 Python 是简单的，直接从字面即可理解 “print(打印)Hello, world! (世界，你好)”。我们可以打开编辑器，输入这条语句，注意必须使用英文输入法，若改为汉字输入或去掉、更改其中的括号和引号，程序都会报错。因此，这里的括号和引号就构成了语法，字符与语法必须都正确，计算机才能识别该语句。

【例 1-1】 运行代码 print (111+222)、print ("111+222")和 print("111"+"222")，看看结果有何不同。

解　打开 IDLE，在 Python shell 中依次键入相应代码，运行后输出结果分别为：

```
333
111+222
111222
>>>
```

分析　可以看出，双引号的使用与输出形式有关。

我们把构成程序的字母、数字和各种符号统称为字符，添加上双引号后称之为字符串。在 Python 语言中，四则运算符的形式分别对应为“+”“-”“*”和“/”，其中，“+”和“*”还可以用作字符串拼接，“+”用于连接前后字符串。例 1-1 中 print(111+222)，111 与 222 是数字，则此处的“+”是加号，完成 111 与 222 的数值相加，输出 333；print("111+222")中的"" (也可在英文输入法下使用单引号' ')将 111+222 变成了字符串，因此直接输出该代数式；print("111"+"222")中的 111 和 222 分别变成了字符串，此时中间的“+”的作用是连接两个字符串，因此输出结果 111222 只是将 111 与 222 拼凑在一起，而不代表“十一万一千二百二十二”。连接两个类型不同的字符不能使用“+”，须由“,”取代，但使用“,”，会自带一个空格。另外，“*”在字符串拼接中的作用是将字符串复制数次后输出。

【例 1-2】 运行代码 print(123*3)和 print("123"*3)，看看结果有何不同，说明为什么。

解　打开编辑器，依次键入相应代码，对应输出结果分别为：

```
369
123123123
>>>
```

分析　第一条语句 print()括号中的内容为数学表达式，所以输出为计算结果，而第二条语句中的"123"是字符串，从结果可以看出，该字符串被复制了 3 遍。

除了常规的四则运算外，Python 还提供了其他常用运算方式，例如取余数的模运算、取除数运算等。常用运算符总结如表 1-1 所示。

表 1-1　常用运算符

符　号	描　　述
+	加法或连接两个字符串
-	减法
*	乘法或复制字符串
**	连乘符号即幂运算
/	除法
%	两数相除取余数
//	两数相除取商

表 1-1 中的“%”表示取余数，也称为模运算，“模”是 mod 的音译。例如，模 2 运算可以用来判别奇偶数，值为 1 时为奇数，值为 2 时则为偶数。当“+”用作连接符时前后数据类型必须一致。运算符的优先级从高到低依次为“**”>“*”“/”“//”“%”>“+”“-”。可通过以下几条交互式代码体验各运算符的作用：

```
>>> print(1+'3')                #不同数据类型不能拼接
Traceback (most recent call last):
  File "<pyshell#0>", line 1, in <module>
    print(1+'3')
TypeError: unsupported operand type(s) for +: 'int' and 'str'
>>> print(5**2) #5 的 2 次方
25
>>> print(5/2)
2.5
>>> print(5%2)
1
>>> print(5//2)
2
>>>
```

在使用 Python 中的 print 函数(函数概念会在后面的章节中学习)时，除了数字、代数式和字符串外经常可能需要输入一些特殊的字符，例如换行、空格等特殊的字符。这些字符可能不能被 print 函数识别，这里就需要使用到转义字符。常用的转义字符如表 1-2 所示。

表 1-2　转 义 字 符

转义字符	描　述
\\	反斜杠符号
\'	单引号
\"	双引号
\b	退格(Backspace)
\n	换行
\v	纵向制表符
\t	横向制表符
\f	换页
\oyy	八进制数，yy 代表字符，如\o12 代表换行
\xyy	十六进制数，yy 代表字符，如\x0a 代表换行
\other	其他的字符以普通格式输出

转义字符多与格式相关，合理使用可使输出界面更加美观。如例题 1-2 中，将 print("123"*3)改为 print("123\n"*3)，试试看输出结果会发生什么变化。更多的转义字符会在后续学习中使用到。

1.2.2　语法结构

登录 CodeCombat 官网，可以进入游戏关卡选择界面。CodeCombat 提供了第一阶段的免费试玩，无须注册。选择最左侧的“KITHGARD 地牢”，单击“开始”进入游戏。登录后根据提示进行选择角色、装备等操作后，来到第一块地图。这是一片阴暗且充满恐惧的地牢，我们得想办法尽快逃出去。游戏界面上可以看到地图上很多标记的点，代表尚未通过的关卡。跟其他角色扮演类游戏一样，玩家通过选定的游戏角色来完成所有任务，同样还可以升级装备和武器，例如现在我们获得了一双鞋。进入第一关，目标为避开尖刺、收集宝石。从地图上观察得出玩家“hero”的行走路线为右→下→右，由于刚才装备了鞋，所以“hero”获得了基础的行走技能，被收纳在“函数”一栏中。单击各段字符可获取相关说明。

从字面上非常好理解， hero 函数的四段字符分别用于指挥“hero”向上下左右四个方向移动。我们选择合适的语句填入右侧代码编辑框中即可。输入一段语句中的任意字母时都会出现下拉菜单提示，非常方便(在 IDLE 中也可以通过单击 Edit→Show Completions 来启动下拉提示功能)。

以 hero.moveUp 为例，从 hero、move、up 三个单词猜测到该语句的作用是让英雄向上移动。按照英语语法则应描述为“Hero moves up.”。而 hero.moveUp 这样的结构可理解为Python的语法。其中hero为对象，类似主语；moveUp为对象所调用的方法，类似谓语，用来描述对象所具有的行为；符号“.”则是调用指令的标志。这里的moveUp为CodeCombat开发者自定义，并非Python的程序语言。其命名方式为驼峰命名法，即除第一个单词外其余单词首字母大写，屹立其中，非常像驼峰，因此而得名。值得注意的是，在CodeCombat中使用的代码均为伪代码，开发者通过模拟Python的语法形成指令操控角色，从而达到让初学者学习Python的目的。所有方法、函数都是通过复杂代码(甚至并非Python)编写而成的，极客战记就好比运行这些代码的集成环境，因此，将CodeCombat中的代码复制到Python的IDLE中是无法执行的。

现在依次键入如下代码方可通关(第1关)：

```
1  #第1关代码
2  hero.moveRight()
3  hero.moveDown()
4  hero.moveRight()
```

用同样的方法完成第2～3关，参考代码如下：

```
1  #第2关代码
2  hero.moveRight()
3  hero.moveDown()
4  hero.moveUp()
5  hero.moveRight()
6  hero.moveUp()
7  hero.moveLeft()

1  #第3关代码
2  hero.moveRight()
3  hero.moveUp()
4  hero.moveRight()
5  hero.moveDown()
6  hero.moveRight()
```

在第3关旁边有两个小副本，3a、3b以供练习，而这两关均需要采用迂回战术，略施小计，非常有意思，参考代码如下：

```
1  #第3a关代码
2  hero.moveDown()
3  hero.moveRight()
4  hero.moveRight()

1  #第3b关代码
2  hero.moveRight()
3  hero.moveLeft()
```

```
4  hero.moveRight()
5  hero.moveRight()
```

至此，我们知道了 Python 执行指令的方式为逐行依次执行。进入第 4 关后会发现，每执行一次行走指令，角色移动固定的距离。当路程较长时，需要多次重复执行，这样显然过于繁冗。我们注意到每个方法的后面都有个空括号，我们尝试往里面填入数字。执行后发现，当填入数字为非零的整数 n 时，这个方法会重复执行 n 次。由此可知，括号中是可以填入内容的，这个内容我们称之为参数。参数可以是数字，也可以是其他字符，对于不同的函数，参数的意义不同，具体实现在后文中学习。这里我们通过合理使用参数，将第 4 关及概念关卡代码简化如下：

```
1   #第 4 关代码
2   hero.moveRight(3)
3   hero.moveUp(1)
4   hero.moveRight(1)
5   hero.moveDown(3)
6   hero.moveRight(2)

1   #概念挑战 1 代码
2   hero.moveUp()
3   hero.moveRight()
4   hero.moveDown(2)
5   hero.moveUp()
6   hero.moveRight()
7   hero.moveLeft()
8   hero.moveUp()
9   hero.moveLeft()
10  hero.moveDown()
11  hero.moveLeft()

1   #概念挑战 2 代码
2   hero.moveRight()
3   hero.moveUp(3)
4   hero.moveRight(2)
5   hero.moveDown(3)
6   hero.moveLeft()
7   hero.moveUp(2)
8   hero.moveRight(3)
```

地牢不仅像迷宫一样困住了“hero”，还居住着食人魔等妖魔鬼怪，时刻威胁着“hero”

的生命安全，因此“hero”必须学会战斗。好在从第 5 关开始，“hero”拥有了一把武器，但是攻击对象是谁呢？每个食人魔都有名字，我们将其名字作为字符串放入函数 attack()中即可，参考代码如下：

```
1  hero.moveRight(2)
2  hero.attack("Brak")
3  hero.attack("Brak")
4  hero.attack("Treg")
5  hero.attack("Treg")
```

通过此关，也让大家了解到参数不仅可以是数字，也可以是字符串。接下来，可以在附近的 5a、5b 和概念挑战关卡中练习数字和字符串作为参数的应用，参考代码分别如下：

```
1   #第 5a 关代码
2   hero.moveRight()
3   hero.attack("Krug")
4   hero.attack("Krug")
5   hero.moveRight()
6   hero.moveUp()
7   hero.moveLeft()
8   hero.attack("Grump")
9   hero.attack("Grump")
10  hero.moveLeft()
```

```
1  #第 5b 关代码
2  hero.attack("Rig")
3  hero.attack("Rig")
4  hero.attack("Gurt")
5  hero.attack("Gurt")
6  hero.attack("Ack")
7  hero.attack("Ack")
```

```
1  #概念挑战关代码
2  hero.attack("Sog")
3  hero.attack("Sog")
4  hero.attack("Gos")
5  hero.attack("Gos")
6  hero.moveRight()
7  hero.attack("Kro")
8  hero.attack("Kro")
```

```
9	hero.attack("Ergo")
10	hero.attack("Ergo")
```

第 6～8 关参考代码：

```
1	#第 6 关代码
2	hero.say("密码是什么？")
3	hero.say("Achoo")
4	hero.moveUp(3)

1	#第 7 关代码
2	hero.moveRight()
3	hero.say("我还不知道密码呢！")
4	hero.say("Hush")
5	hero.moveRight()

1	#第 8 关代码
2	hero.moveRight()
3	hero.attack("Weak Door")
4	hero.moveRight(3)
5	hero.moveDown(3)
6	hero.attack("Two")
7	hero.attack("Two")
```

1.2.3　注释

在关卡中我们看到有很多“#”引导的语句，这些语句程序是不执行的，仅用于说明，故被称为注释，它们用于解释代码含义，帮助读者理解，它们可以是中英文或其他各类字符。单行注释可由“#”引导存在于开头或代码中任意位置，当注释内容较多时可使用以下格式进行多行注释。

```
'''注释内容
注释内容…
'''
```

【例 1-3】 运行以下代码，分析结果。

```
1	'''
2	忆江南
3	[ 唐 ] 白居易
4	江南好，风景旧曾谙。
5	日出江花红胜火，春来江水绿如蓝。能不忆江南？'''
6	print('''
7	忆江南
```

```
8       [ 唐 ] 白居易
9       江南好，风景旧曾谙。
10      日出江花红胜火，春来江水绿如蓝。能不忆江南？''')
11
```

运行结果：

```
忆江南
[ 唐 ] 白居易
江南好，风景旧曾谙。
日出江花红胜火，春来江水绿如蓝。能不忆江南？
>>>
```

运行后发现，注释的内容不会在运行结果中显示，同时 print 的内容保留了原有格式，因此三个连续单引号还有输出多行字符串的作用，在用作注释时可省略井号。

1.3　while 循环之地牢魔咒

使用参数后简化了代码，但我们发现对象参数和重复次数无法同时使用，例如攻击食人魔两次。假如次数增多到数十甚至数百时，该如何编写代码呢？

在 Python 中简化类似重复代码的方法是 while 循环，其代码格式为：

```
while True:
    判断表达式
    hero.attack("Sog")
      代码块
```

执行流程图如图 1-2 所示。

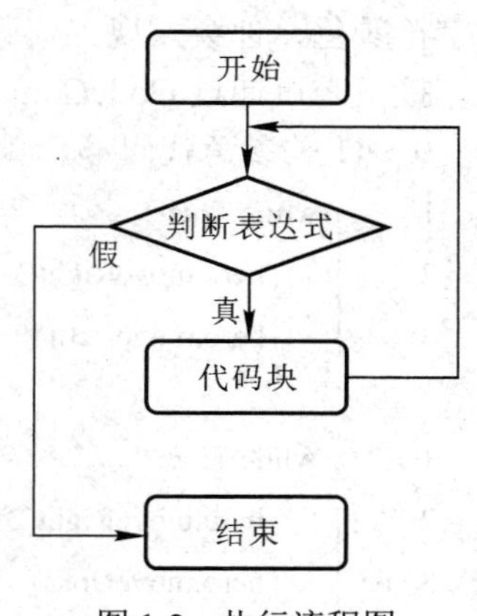

图 1-2　执行流程图

先介绍流程图。流程图是使用图形表示算法的思路，是一种极好的方法，通过符号和文字直观地表现出来，常用符号和说明如表 1-3 所示。

表 1-3　常用符号和说明

图 标	名 称	释　　义
	开始和终止符	圆角矩形，开始和结束标志，类似开关，一般把“开始”“结束”字样写于其中
	执行符	矩形，表示执行步骤，将简要说明写于其中
	判断符	菱形，表示判断，一般输出“真”“假”两种结果，将判断条件写于其中
	流线符号	表示过程的执行顺序，流线的箭头代表下一步骤

由此可以看出，while 循环开始时，第一步判断表达式是否成立，若成立则执行下方代码块，执行完毕后回到表达式处继续判断，直到表达式不再成立则程序结束。而在 while True 中，表达式为 True 表示恒为真，构成无限循环。

再看代码。注意到格式中的几个要点：一是冒号，代表一种声明，好比宣告以下代码块是我的了；二是缩进，在 IDLE 和 CodeCombat 中当前一行代码以冒号结束时，执行回车换行，第二行代码会自动缩进。必要时也可以用 Tab 键手动缩进。实际上，很少有哪种语言像 Python 这样重视缩进，在其他语言比如 C 语言中，缩进对于代码的编写来说是“有了更好”，而不是“没有不行”，它充其量是个人书写代码的风格问题。但是在 Python 语言中，把缩进提升到了语法的高度。这样做的好处是减少了程序员的自由度，有利于统一风格，使得人们在阅读代码时会更加轻松；同时也不需要用其他符号来特别表示某些代码块的功能范围，让版面更加简洁，程序员也少了一些冗余操作。

IDLE 不仅提供了自动缩进和自动查询来方便程序员，语法高亮也是一大特色。所谓语法高亮，就是代码不同的元素使用不同的颜色进行显示。默认关键字显示为橘红色，注释显示为红色，字符串为绿色，定义和解释器的输出显示为蓝色，控制台的输出显示为棕色。在键入代码时，IDLE 会自动应用这些颜色突出显示。语法高亮显示的好处是可以更容易区分不同的语法元素，从而提高可读性。与此同时，语法高亮显示还降低了出错的可能性，例如当关键字拼写错误时，颜色为黑色，可提示开发者自检。规范的格式加上缤纷的字符颜色，你会发现，代码也可以很美。

接下来可通过 CodeCombat 的 9～14 关练习使用 while 循环。

9～11 关参考代码：

```
1   while True:           #第 9 关
2       hero.moveRight()
3       hero.moveLeft()
```

```
1   while True:           #第 10 关
2       hero.moveRight(2)
3       hero.moveUp(2)
```

```
1   while True:           #第 11 关
2       hero.moveRight(2)
3       hero.moveDown()
```

11(a)、11(b)及概念挑战参考代码：

```
1   while True:          #第 11(b)关
2       hero.moveUp()
3       hero.moveDown()
4       hero.moveRight(2)
```

```
1   while True:        #第 11(a)关
```

```
2      hero.moveRight()
3      hero.moveDown()
4      hero.moveRight(2)
5      hero.moveUp()
```

第 12～14 关参考代码：

```
1  while True:          #第 12 关
2      hero.attack("Door")
```

```
1  hero.moveRight()
2  hero.attack("Chest")
3  hero.moveDown()
4  while True:          #第 13 关
5      hero.moveRight(3)
6      hero.moveDown(3)
```

```
1  hero.moveUp()        #第 14 关
2  hero.moveRight(2)
3  hero.moveDown(2)
4  while True:
5      hero.attack("Cupboard")
```

14(a)、14(b)参考代码：

```
1  hero.moveDown()        #第 14(a)关
2  hero.moveLeft(2)
3  hero.moveUp(2)
4  while True:
5      hero.attack("Cupboard")
```

```
1  hero.moveRight()        #第 14(b)关
2  hero.moveDown()
3  hero.moveRight()
4  hero.moveDown(2)
5  while True:
6      hero.attack("Cupboard")
```

无限循环使用简单，但现实生活中往往是不存在的。游戏中虽然都使用了 while True，但事实上在通关的时候已经结束了循环，只是结束标志被隐藏了。因此，所有的循环都应该有结束或中断标志。中断循环可用 break 指令，也可将 True 改为判断表达式，当判断表达式结果为真时执行循环代码块，结果为假时结束循环，这样的循环称为有限循环。在有限循环中遇到特殊情况时也可使用 break 指令跳出循环。

例如，可以用如下伪代码来描述击鼓传花：

```
1  while 鼓声 > 0:
2  同学.传送("花")
```

当鼓声停止时，循环会结束，即“鼓声>0”为循环开始标志，“鼓声=0”时结束循环，因此“鼓声=0”为循环停止标志，但具体循环次数不确定。我们要描述 5+2 工作制则可以采用这样的方式：

```
1  while 日期 ! = 周末:
2      同学.上学()
3      if 放假:
4          break
```

上学期间都按照 5+2 方式上学，一旦放假则停止，用 break 跳出循环。我们看到在判断表达式中用到了新符号，在 Python 中表示两者间关系的符号如表 1-4 所示。

表 1-4　运 算 符 号

符号	含 义
==	相等
!=	不等
>	大于
>=	大于等于
<	小于
<=	小于等于

我们尝试利用表达式实现有限循环，但遇到了困难。因为一个表达式成立与否已确定，比如我们用“while 3==3:”引导的仍然是无限循环，因为 3==3 恒为真，反之用“while 3! =3:”则直接结束循环，因为常量间的比较结果是不变的。那么如何实现表达式有时为真有时为假呢？这就需要变量的参与。

1.4　变　　量

在 CodeCombat 第 5 关对应的概念挑战中，hero 遇到了 6 位敌人，对每位敌人均执行了 attack()指令，共计 12 行代码。我们试着用 while 循环来简化代码，但似乎无法实现，因为每位敌人名字不同，都是独立个体，假如它们更改了姓名，hero 将无法攻击。这样的代码编辑性和批处理性都较差。

1.4.1　基本概念

游戏中的敌人也有共性，即这些敌人都属于与 hero 对立的阵营，不管它们叫什么名字，统统都是“enemy”。于是我们可以给它们的类型命名，再指向单个敌人，我们将这种命名方式称为变量，变量是用来存储数据的一种快捷方法。以第 15 关为例，参考代码如下：

```
1  enemy1 = "Kratt"
2  enemy2 = "Gert"
3  enemy3 = "Ursa"
4  while True:
5      hero.attack(enemy1)
6      hero.attack(enemy2)
7      hero.attack(enemy3)
```

其中，enemy1、enemy2、enemy3 为变量名，“=”为赋值运算符，例如 enemy1 = "Kratt" 表示变量 enemy1 的值为"Kratt"，变量的值可以是字符串也可以是数字、符号或其他表达式。为了视觉美观，我们还常在“=”前后键入空格。

1.4.2 变量的命名方式

变量名是变量的代号，可以根据含义起名，也可以使用任意字母、数字、单词或字符组合，但字符之间不能包含空格，并且数字不能放在首位。使用字符组合时常用驼峰命名法，将拼凑的多个单词首字母大写以帮助读者理解变量的字面含义。前面我们讲到 IDLE 中有关键字高亮的特点，如果输入的变量名显示为橘红色，那么就需要注意了，这说明该名称与预留的关键字冲突，为了避免语法错误，最好给变量更换名称，这不失为 IDLE 的一大优点。

1.4.3 变量的分类

变量用于代表存储于电脑内存中的各种数据，因此其类型可以按对应的数据类型划分，也可根据其影响范围来划分，只在一定范围内(如 while 循环内部)使用的变量称作局部变量，在整个程序中使用的变量称作全局变量，如图 1-3 所示。

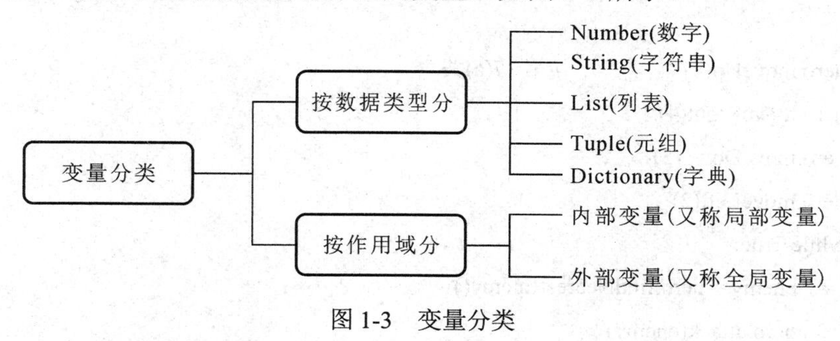

图 1-3 变量分类

在第 16 关中，hero 获得了新技能，新技能的方法为 findNearestEnemy()，这也是游戏开发者自定义的方法，也用到了驼峰命名法。从字面理解，这个方法的作用是寻找最近的敌人。

现在假如我们定义变量 enemy，并将这个函数赋值给 enemy，利用 while 循环，则只需三行代码便可通关：

```
1  while True:                 #第 16 关
2      enemy = hero.findNearestEnemy()
3      hero.attack(enemy)
```

相同代码即可完成对应概念挑战关卡，而练习关参考代码如下：

```
1  hero.moveDown()      #第 16(a)关
2  hero.moveRight(2)
3  while True:
4      enemy = hero.findNearestEnemy()
5      hero.attack(enemy)
```

```
1  while True:                 #第 16(b)关
2      enemy = hero.findNearestEnemy()
3      hero.attack(enemy)
4      hero.moveRight()
```

第 17 关及练习关参考代码：

```
1  while True:                 #第 17 关
2      hero.moveRight()
3      hero.moveUp()
4      hero.moveRight()
5      enemy1 = hero.findNearestEnemy()
6      hero.attack(enemy1)
7      hero.attack(enemy1)
8      hero.moveDown(2)
9      hero.moveUp()
```

```
1  hero.moveUp(4)                 #第 17(a)关
2  hero.moveRight(4)
3  hero.moveDown(3)
4  hero.moveLeft(2)
5  while True:
6      enemy = hero.findNearestEnemy()
7      hero.attack(enemy)
8      hero.attack(enemy)
```

在兼顾打怪和搜集任务时，需要综合考虑攻击的点位，hero 是有一定防御力的，因此反击可以稍微滞后。

进入第 18 关，曙光就在眼前，完成任务即可走出地牢。这一关 hero 获得了新技能，修筑了障碍物来阻挡敌人，障碍物放置的位置用坐标表示，参考代码如下：

```
1  hero.moveDown()              #第 18 关
2  fence = "fence"
3  hero.buildXY(fence, 36, 34)
4  hero.buildXY(fence, 36, 30)
5  hero.buildXY(fence, 36, 26)
6  while True:
7      hero.moveRight()
```

1.4.4　变量的使用

通过游戏，我们体会到了变量的优势。除此以外，变量还可以广泛应用于很多场景，如用在 while 中便可实现有限循环。例如，判断要输出以下内容，是否可以用 while 循环实现。

```
重要的事说三遍：
下午三点开会！
下午三点开会！
下午三点开会！
>>>
```

分析　发现重复内容为“下午三点开会！”共三次，因此可将 print('下午三点开会！') 作为 while 的代码块，而 print(‘重要的事说三遍’)在 while 之前。重复次数则可利用变量的改变和设定界限来实现，代码如下：

```
1  print('重要的事说三遍：')
2  n=0
3  while n < 3:
4      print('下午三点开会！')
5      n=n+1
```

设变量 n 并初始化为 0，进入 while 判断 0<3 为真时，执行 print('下午三点开会!')，之后执行 n=n+1，则 n 值变为 1。这种常见的用新值覆盖原变量的方式可节省变量资源。每循环一次，n 值加 1，直到当 n=3 时，表达式 n<3 不再成立，循环结束，这就实现了有限循环。变量逐次递增(递减)直到达到上限(下限)的方式也是常见的计数器法，其中 n=n+1 也可简化为 n+=1，同理 n-=1 则表示 n=n-1。

【例 1-4】　试着使用 while 循环打印如下矩形和三角形。

```
*****     *
*****     **
*****     ***
*****     ****
*****     *****
```

分析　先看矩形，一目了然是由五行“*****”字符组成的，可用 while 循环加计数器完成，代码如下：

```
1  n=0
2  while n < 5:
3      print('*'*5)
4      n=n+1
```

再看三角形，三角形也是五行，但每行的*数量不同，却也有规律，观察发现其个数刚好等于对应行数，因此可编写代码如下：

```
1  n=0
2  while n < 6:
3      print('*'*n)
4      n=n+1
```

要注意的是一共五行，若沿用第一段程序则需更改上限或将表达式改为 n <= 6，当然，也可用其他方法实现。

【例 1-5】 利用变量和 while 循环打印如下菱形图案。

```
   *
  ***
 *****
*******
 *****
  ***
   *
```

分析　① 观察发现上半部分“*”的数量逐行递增，下半部分递减，因此不能用一个 while 循环完成。② 除了第四行，其余各行都有不同格数的缩进，即整个图形以第四列七颗“*”左右对称。假如一颗“*”横向长为 1，那么要打印出完整图形则需要的幅面横向尺寸至少为 7，并以 7/2 位置作为对称点。这里可用 center()方法来实现，其中参数须大于等于 7。③ 相连两行“*”相差为 2。多方考虑后编写代码如下：

```
1  n = 1
2  while(n<7):
3      print(('*'*n).center(7))
4      n+=2
5  while(n>0):
6      print(('*'*n).center(7))
7      n-=2
```

CodeCombat 第一部分通关任务均已完成，而游戏最后还附赠了竞技场关卡，需要与电脑对抗获胜后方能与其他玩家对抗。竞技场关卡意在复习游戏中知识。根据游戏界面提示可知，目标是尽可能多地打开监狱大门释放士兵，兵力强的一方获胜，而要打开监狱大门需要足够多的金币，即流程为开宝箱得金币→开监狱门释放士兵。使用以下参考代码对抗电脑方能获胜：

```
1   hero.moveUp()
2   hero.moveLeft()
3   hero.attack("d")
4   hero.say("scout")
5   hero.moveLeft()
6   hero.moveDown(2)
7   hero.moveLeft()
8   hero.attack("e")
9   hero.moveDown()
10  hero.moveLeft()
11  hero.attack("f")
```

通关后点击屏幕左上角“升级比赛”，选择阵营，左图(HUMANS)为人类，右图(OGRES)为食人魔，如图 1-4 所示。

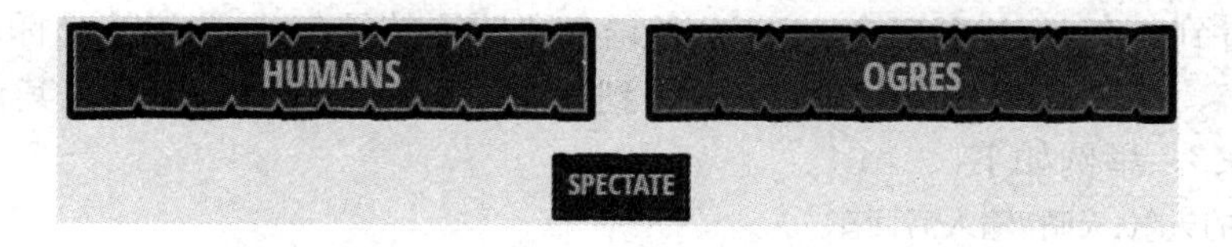

图 1-4　对战选择界面

通过试玩 CodeCombat 让我们初步认识了 Python，接下来我们将离开 CodeCombat 游戏，沿着 Python 知识点轨迹继续学习。

1.5　if　语　句

生活中我们常常面临各种选择，例如到饭点了，是点外卖还是吃方便面呢？周末到了，是逛街还是宅在家里呢？而这些选择往往受到外界因素影响，比如资金是否允许，外面是否下雨等。在 Python 中，我们用 if 语句的伪代码来表示这类关系，流程图如图 1-5 所示。

伪代码如下：

```
if 天晴：
    表达式
    爬山
    代码块
回家
```

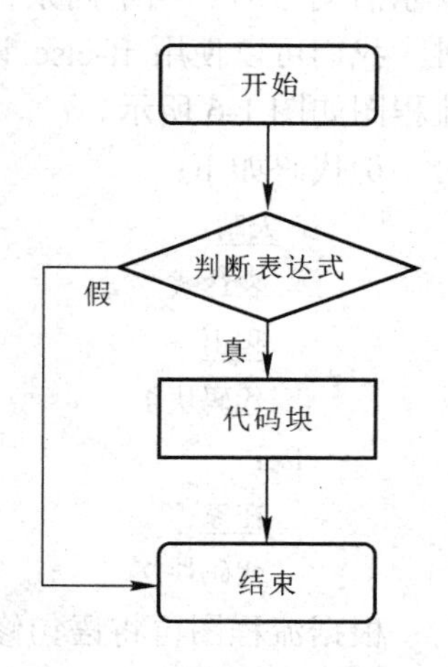

图 1-5　条件选择流程图

当表达式结果为真即“天晴”时执行代码块“爬山”，代码块执行完毕后执行下一条语句“回家”，如果表达式结果为假则跳过代码块“爬山”直接执行“回家”。这个过程和 while 非常类似，不同的是 while 会不断询问表达式，直到表达式为假。而 if 语句只询问一次。

根据上例流程图可用代码模拟如下：

```
1  a='天晴'
2  if a=='天晴':
3      print('爬山')
4  print('回家')
```

那么问题来了，如果变量 a 代表天气，但由于其位于源代码中，若需改变则要修改代码，这是不合理的，Python 自然不会忽视这一点，因此 Python 设置了输入接口——input 函数。我们可将程序做如下修改：

```
1  a=input('明天的天气:')
2  if a=='天晴':
3      print('爬山')
4  print('回家')
```

运行后看到，在 shell 窗口会 print 一条语句“明天的天气:”并伴随光标闪动，可在光标后输入内容，若输入“晴天”+回车则得到输出“爬山-回家”，若输入其他内容则会对应输出“回家”。举例如下：

```
明天的天气:天晴#输入后回车
爬山
回家
>>>
```

1.5.1　分支结构

前例程序的运行上没有问题，但感情上似乎欠妥。天晴爬山，非天晴也可以进行其他娱乐活动才对。当不同条件对应两种截然不同的结果时，我们可以使用 if-else 语句的伪代码表示，其结构流程图如图 1-6 所示。

伪代码如下：

```
if 天晴:
    表达式
    爬山
    代码块 1
else:
    在家
    代码块 2
```

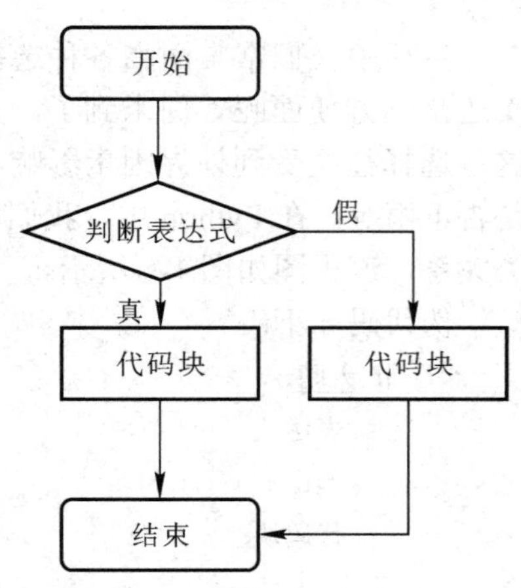

图 1-6　分支结构流程图

根据流程图再将语句修饰一番，编程如下：

```
1  weather=input('明天的天气:')
2  if weather=='晴天':
3      print('天气晴朗，适合爬山。')
4  else:
5      print('天公不作美，还是待在家里吧。')
```

这样一来语句不再生硬，并且使用了单词 weather 来代表天气。在定义变量时尽量使用释义词汇(例如用 weather 表示天气)会让程序更容易理解，也便于在编译或修改时梳理逻辑。运行中我们又发现了新的问题，只有完整输入晴天才会输出“天气晴朗，适合爬山。”，其他任意字符哪怕是“晴”字，程序都自动判别为其他天气。这是因为只有当输入字符与“晴天”完全匹配时才会被判定为真，若需在部分匹配时判定为真可以使用 find 方法，修改如下：

```
1  weather=input('明天的天气:')
2  if weather.find('晴') >= 0:
3      print('天气晴朗，适合爬山。')
4  else:
5      print('天公不作美，还是待在家里吧。')
```

这时，只要输入内容中包含晴字，都可以去爬山了。我们称 if-else 这种非此即彼的选择结构为双分支结构，而只有 if 的结构为单分支结构。

【例 1-6】 编写程序判定成绩等级，输入考试分数，自动判别等级后输出结果，90 以上(含)为优秀，90 以下为及格。

解　分析此题是典型的条件判断，编程如下：

```
1  score=input('你的考分:')
2  if score >= 90:
3      print('优')
4  else:
5      print('及格')
```

运行结果如下：

```
你的考分:70
Traceback(most recent call last):
  File "C:/Users/EDZ/Desktop/码极客少儿编程/码极客/课程/PY/教材/各章节/案例/1.py", line 2, in <module>
    if score >= 90:
TypeError: '>=' not supported between instances of 'str' and 'int'
>>>
```

程序报错，提示“>=”not supported between instances of“str”and“int”，“>=”符号不能连接两种不同的数据类型“str”和“int”。这是因为 input 函数默认输入的数据类型为字符串“str”，即便输入的是数字也会自动转换为“str”，因此需要再转换回数字。常见的数字类型有“int”和“float”两种，“int”称为整型，表示整数，“float”称为浮点型，表示整小数，此处应选择浮点型 float，遂将程序修改为：

```
1   score=float(input('你的考分:'))
2   if score >= 90:
3       print('优')
4   else:
5       print('及格')
```

程序正确了，但这种一刀切的等级划分似乎不太符合常理，至少还应区分“及格”与“不及格”。那么可将 90 及以上认定为优，60 以下为不及格，其余为及格，试编辑程序如下：

```
1   score=float(input('你的考分:'))
2   if score >= 90:
3       print('优')
4   if score < 60:
5       print('不及格')
6   else:
7       print('及格')
```

【例 1-7】 编写程序判定成绩等级，输入考试分数，自动判别等级后输出结果，90 以上(含)为优秀，80(含)～90 为良好，60(含)～79 为及格，60 以下为不及格，如下代码正确吗？为什么？

```
1   score=float(input('你的考分:'))
2   if score >= 90:
3       print('优')
4   if score >= 80:
5       print('良')
6   if score < 60:
7       print('不及格')
8   else:
9       print('及格')
```

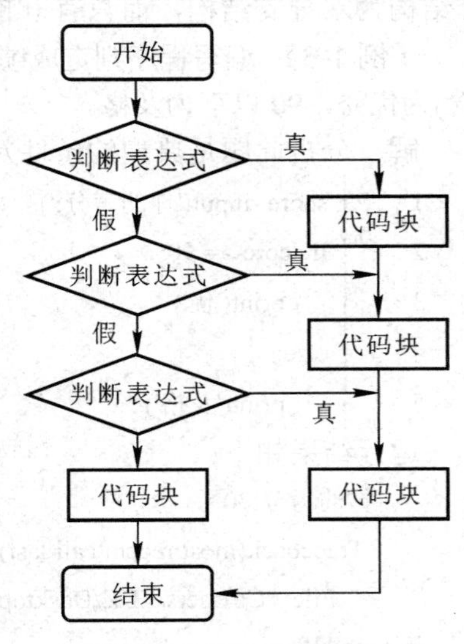

图 1-7　例 1-7 流程图

解　根据程序画出流程图如图 1-7 所示。

可以看出，输入任何数字都会依次执行每个 if 语句，因为只有最后一个 if 语句才有出口。当输入小于 80 的分数时，结果是正确的，但当输入大于等于 80 的分数时，问题就出现了，至少会同时输出两种不同结果。以输入 90 为例，判断第一个 if 条件满足，输出“优”，接着判断第二个 if 条件也成立，输出“良”，再判断第三个 if 条件不成立，第三个 if 与 else 构成 if-else 结构，既然 if 的条件不满足，则执行 else 下的代码块，输出“及格”，因此总输出结果为“优”“良”“及格”，这与设计思想明显相悖，因此结果错误。这是因为 if 语句之间并非互斥关系，要修正代码，需要使用三分支结构，由 if-elif-else 构成。

if-elif-else 中的 elif 是 else 和 if 的组合，理解为否则，即在不满足前一个条件时判定是否满足另外一个条件。if-elif-else 三者为互斥关系，可用伪代码表示，流程图如图 1-8 所示。

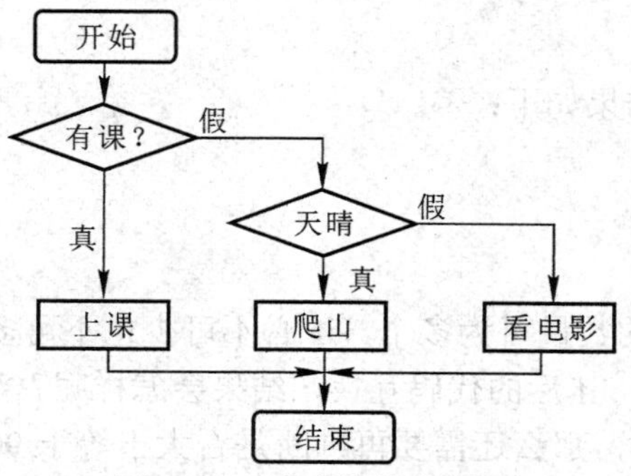

图 1-8　三分支结构流程图

伪代码如下：

```
if 有课:
    上课
elif 天晴:
    爬山
else:
    看电影
回家
```

由此看出，每个分支都有出口，因此输入任何数字都只会执行其中一条分支中的代码块。那么按照上述伪代码，若“今天天晴且有课”，则在执行第一条条件语句时满足了“有课”的条件，执行“上课”代码块，随之结束程序而不会再执行 elif 及以后代码。

值得注意的是分支结构代表条件间的对应关系，而不是条件的数量。以例 1-7 程序为例，60 分是判定是否及格的界限，那么 60 及以上和 60 以下这两个对立的条件就是一对双分支结构。而若再将“60 及以上”细分出“80 及以上”为良好和“90 及以上”为优秀，则两者与“60 及以上”或“60 以下”均不构成双分支结构。假如我们认为“60 及以下”与“80 及以上”为双分支结构，则得出“非 60 及以下”=“80 及以上”，这个逻辑显然是错的。因此，只有“if score < 60”和“else”是一对非此即彼的分支结构，其余的 if 语句与“if score < 60”都是平行关系，为独立的单分支结构，不能把整个程序理解为四分支结构。因此，例 1-7 中的 score 同时满足多个 if 条件时就会输出多个结果。

【例 1-8】 修改例 1-7 代码实现正确输出。

解　从题意分析，使用 if-elif-else 结构即可，修改如下:

```
1  score=float(input('你的考分:'))
2  if score >= 90:
3      print('优')
4  elif score >= 80:
5      print('良')
6  elif score < 60:
```

```
7        print('不及格')
8    else:
9        print('及格')
```

以 80 分为例，运行结果如下：

```
你的考分:80
良
>>>
```

从此题可看出，elif 的数量可为多个，if 必不可少也不可多得，而 else 可有可无。思考上题，若将 if 与第一个 elif 后的代码互换，结果会怎样呢？显然逻辑错误，若一个数不满足第一个条件即小于 80，那么还需要再判断是否大于等于 90 吗？这样一来程序将永远无法输出“优”。因此，在一些三分支结构中，每个条件的排列是包含先后次序的，排序先后的依据在于其优先级高低。优先级最高的条件置于 if 中，其余部分按优先级高低依次排列。

【例 1-9】 设计一段程序，输入出生年份后自动输出属相。

解 属相 12 年一循环，利用模 12 运算即可求出。生肖是中国农历纪年法的产物，而我们现在使用的年历为公历，因此需要找到二者的对应关系，考虑到人类的寿命，可以往前倒推 100 年左右比较合适，且不需从公历元年开始计算。通过甲子推算发现 1900 年刚好是鼠年，即 12 生肖的首位。运用三分支结构编写如下：

```
1    year=int(input("请输入你的出生年份:"))
2    year=(year-1900)%12
3    if year==0:
4        print("你的生肖是鼠")
5    elif year==1:
6        print("你的生肖是牛")
7    elif year==2:
8        print("你的生肖是虎")
9    elif year==3:
10       print("你的生肖是兔")
11   elif year==4:
12       print("你的生肖是龙")
13   elif year==5:
14       print("你的生肖是蛇")
15   elif year==6:
16       print("你的生肖是马")
17   elif year==7:
18       print("你的生肖是羊")
19   elif year==8:
```

```
20        print("你的生肖是猴")
21    elif year==9:
22        print("你的生肖是鸡")
23    elif year==10:
24        print("你的生肖是狗")
25    else:
26        print("你的生肖是猪")
```

以 2020 年为例，运行结果如下：

```
请输入你的出生年份:2020
你的生肖是鼠
>>>
```

本题的各项条件其优先级没有高低之分，顺序可以调整，但是每一个 elif 语句都不能替换成 if 或 else，因此本题虽然有 10 个 elif 语句，但仍然是 if-elif-else 组成的三分支结构。看到如此繁杂的代码，本能地想去优化，却又似乎无能为力，那么继续探索寻求更多技能吧。

1.5.2　条件嵌套

分支结构可以解决横向选择问题，而纵向选择也是常见现象，如图 1-9 所示。

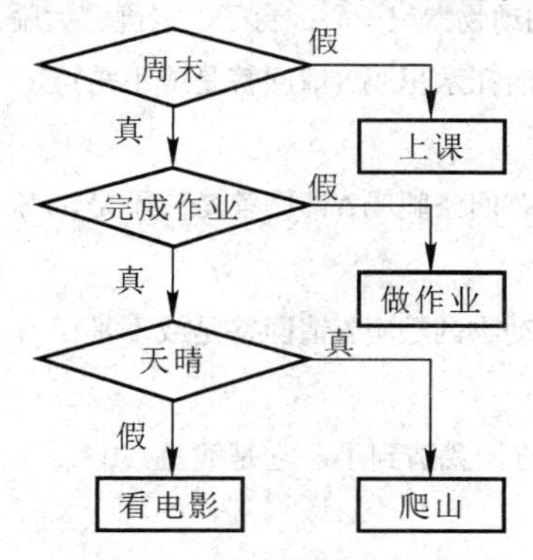

图 1-9　纵向分支流程图

可以看出，要想看个电影爬个山可真不容易。我们把这种层层递进的选择方式定义为条件嵌套，怎么看出来是嵌套呢？我们看看伪代码就一目了然了。

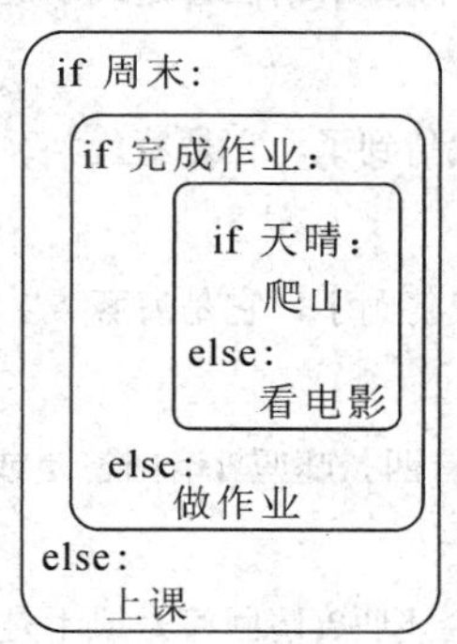

现在可以明确地看出共有三层双分支结构，要进入内层必须穿透外层，即当所有条件为真时方执行“爬山”，若最后一项条件为假则执行“看电影”，第一项条件为真且第二项条件为假时执行“做作业”，第一项条件为假则执行“上课”。从伪代码格式来看，每一对 if-else 的缩进必须一致，否则会逻辑出错。

在条件嵌套中，各级条件的优先级从外往内依次降低。条件嵌套与分支结构的区别在于前者是当满足高优先级条件时才判断较低优先级条件，而分支结构相反，当不满足高优先级条件时才判断优先级较低条件，如图 1-10 所示。

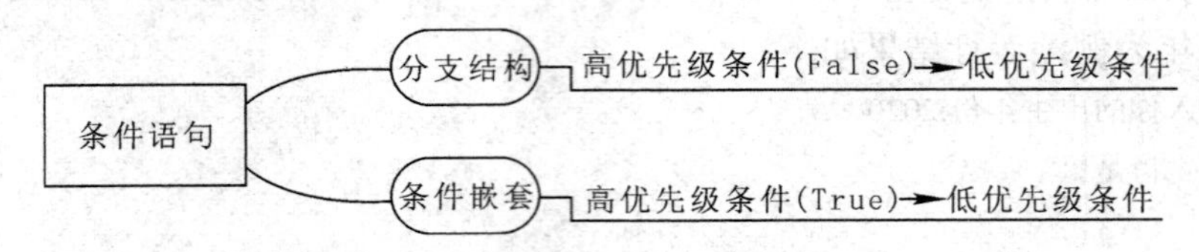

图 1-10　条件语句分类

【例 1-10】 设计一个猜动物小游戏，参与者在“兔子、老虎、大雁、鸵鸟、鳄鱼、青蛙、鲨鱼、海豚”中选择一个动物默记于心，编辑程序让竞猜者提三个只能回答是与否的问题后确定是什么动物，要求提问不能提及动物名称。

解　动物数量为 8，若每个提问都可将答案平分为两组，则三问后刚好能唯一确定答案。总结每个动物的特点后发现是可行的且方法不唯一，参考代码可如下：

```
1	print('选择一个你喜欢的动物默记于心：兔子、老虎、大雁、鸵鸟、鳄鱼、青蛙、鲨鱼、海豚')
2	b=input('这个动物能生活在水里吗?(请回答是或不是)')
3	if b=='是':
4	    b=input('这个动物有四条腿吗?(请回答是或不是)：')
5	    if b=='是':
6	        b=input('这个动物凶狠吗?(请回答是或不是)：')
7	        if b=='是' :
8	            print('哈哈，我猜到了，它是鳄鱼。')
9	        else:
10	            print('哈哈，我猜到了，它是青蛙。')
11	    else:
12	        b=input('这个动物凶狠吗?(请回答是或不是)：')
13	        if b=='是':
14	            print('哈哈，我猜到了，它是鲨鱼。')
15	        else:
16	            print('哈哈，我猜到了，它是海豚。')
17	else:
18	    b=input(print('这个动物有四条腿吗?(请回答是或不是)：'))
19	    if b=='不是':
20	        b=input('这个动物会飞吗?(请回答是或不是)：')
```

```
21            if b=='是':
22                print('哈哈，我猜到了，它是大雁。')
23            else:
24                print('哈哈，我猜到了，它是鸵鸟。')
25        else:
26            b=input('这个动物凶狠吗?(请回答是或不是)：')
27            if b=='是':
28                print('哈哈，我猜到了，它是老虎。')
```

例如全部回答是，运行结果如下：

```
这个动物能生活在水里吗?(请回答是或不是)是
这个动物有四条腿吗?(请回答是或不是)：是
这个动物凶狠吗?(请回答是或不是)：是
哈哈，我猜到了，它是鳄鱼。
>>>
```

照此案例还可设计出其他小游戏。我们在程序中看到了不少重复代码，知道这样的方法一定不是最优的，而寻找优化方案就是继续学习的目标。

1.6 布尔代数

如果要用四个字形容计算机的行事原则，最合适不过的就是“是非分明”。不是因为计算机“刚正不阿”，而是在它的逻辑世界里，只有是与非，对即是对，错即是错，好就是好，坏就是坏，而没有还行、勉强等灰色地带。生活中也有很多这种逻辑，例如开与关、上与下、进与出、对与错、生与死……我们把这一类相互对立的逻辑称为布尔逻辑，布尔逻辑只有两种取值，在 Python 中为 True 和 False，对应返回数字 0 和 1 存储于电脑内存中。例如，while 函数是在表达式结果逻辑为真，或值为 1 时执行，因此 while True 会导致无限循环。

1.6.1 基本逻辑代数

布尔逻辑间的运算称为布尔代数，其结果受布尔逻辑影响，因此也只有 0 和 1 两种取值，基本逻辑代数有逻辑或、逻辑与和逻辑非。

1. 逻辑或

假设一个房间有两道门，门有两种开关状态，分别用 True 和 False 表示，这就是一对布尔逻辑。若任意一道门打开则可进入房间，那么门的开关状态和能否进入房间这件事就构成一对因果关系，这种逻辑关系我们称为逻辑或，用 or 表示，可用伪代码描述：

```
if 门 1 开 or 门 2 开:
可进入房间
```

增加门的数量也不会影响这种因果关系，因此逻辑或是可以无限延伸的，并可这样描述：当一件事情的几个条件中只要有一个条件得到满足，这件事就会发生。

若用 0 和 1 分别代表门的关与开和能进入房间与不能进入房间，则逻辑或的逻辑关系可表示为表 1-5。

表 1-5　逻辑或真值表

自变量		因变量
门 1	门 2	结果
0	0	0
0	1	1
1	0	1
1	1	1

这样取值与结果对应的表也叫真值表。从表中可看出，当且仅当所有自变量取值均为 0 时，结果才为 0，反之只要其中一个自变量值为 1，则结果恒为 1。当其中一个变量为 0 时，则结果由另一变量值来确定，这样的关系可描述为表 1-6。

表 1-6　逻辑或简化真值表

或运算表达式	结果
0 or X	X
1 or X	1

当 X 为非 0 和非 1 取值时，该逻辑依然成立，例如：

```
>>> print(1 or a)              #结果恒为 1，虽 a 未定义也不影响结果
1
>>> print(1 or 9)
1
>>> print(0 or 9)
9
>>> print(0 or a)              #按逻辑结果应为 a，此时 a 未定义，程序报错
Traceback(most recent call last):
  File "<pyshell#8>", line 1, in <module>
    print(0 or a)
NameError: name 'a' is not defined
>>> print(1 or a or 9)
1                               #在或运算中 1 为大，因此虽然 a 未定义也不会报错而是输出 1
>>> print(0 or 'a' or 9))      #在逻辑运算中字符串为合法字符，值为非假
a
>>> print(0 or 0.9 or 9)
0.9
>>> print(0 or 9 or 0.9)
0
```

由此看来，在逻辑或中若因数之一为 1，则其余因数取任意值甚至任意类型的值，结果恒为 1，而当因数之一为 0 时，结果为左起第一个因数。

除了数字，逻辑表达式之间也可进行布尔运算，当逻辑表达式为真时返回 True，对应值为 1，为假时返回 False，对应值为 0。运算规则不变，当所有因数均为非真时，结果以最后一个为准:

```
>>> print(0 or 1!=1 or 9.9==1 )
False
>>> print(1!=1 or 9.9==1 or 0)
0
```

2. 逻辑与

假设房间的结构改变如图 1-11 所示。

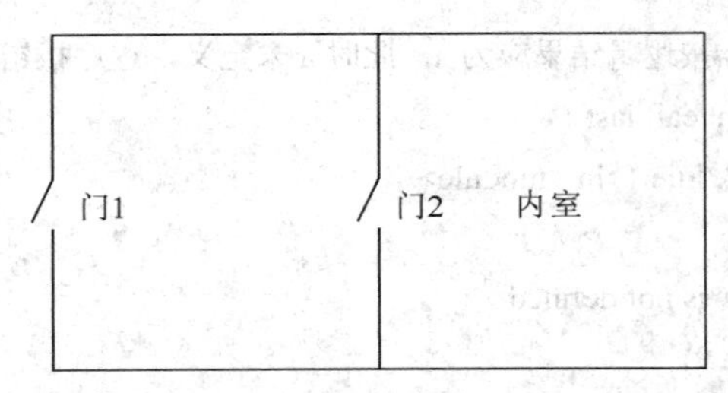

图 1-11　内室结构图

依然是两道门，但要进入内室的条件变成了门 1 与门 2 必须同时开启。这种逻辑关系我们称为逻辑与，用 and 表示，可用伪代码描述为:

```
if 门 1 开 and 门 2 开:
    可进入房间
```

按照这种级联方式增加房间的数量也不会影响这种因果关系，因此逻辑与也是可以无限延伸的，并可这样描述：只有当一件事的几个条件全部具备之后，这件事才发生。

逻辑或和逻辑与也对应了数学中的充要条件关系。

同样的分别用 0 和 1 代表门的关与开和能进入内室与不能进入内室，则逻辑与的真值表如表 1-7 所示。

表 1-7　逻辑与真值表

自变量		因变量
门 1	门 2	结果
0	0	0
0	1	0
1	0	0
1	1	1

从表中可看出当且仅当所有自变量取值均为 1 时，结果才为 1，反之只要其中一个自变量值为 0，则结果恒为 0。当其中一个变量为 1 时，则结果由另一变量值来确定，这样的关系简化后可描述为表 1-8。

表 1-8　逻辑与简化真值表

或运算表达式	结果
0 and X	0
1 and X	X

当 X 为非 0 和非 1 取值时，该逻辑依然成立，例如：

```
>>> print(0 and a)    #结果恒为 0，虽 a 未定义也不影响结果
1
>>> print(1 and 9)
1
>>> print(0 and 9)
9
>>> print(1 and a)    #按逻辑结果应为 a，此时 a 未定义，程序报错
Traceback(most recent call last):
  File "<pyshell#8>", line 1, in <module>
    print(1 and a)
NameErrand: name 'a' is not defined
>>> print(0 and a and 9)
0
>>> print(1 and 0.9 and 9)    #在逻辑运算中字符串为合法字符，值为非假
9
>>> print(0 and 0.9 and 9)
0
>>> print(0 and 9 and 0.9)
0
>>> print(9.9 and 9)
9
>>> print(9 and 9.9)
9.9
>>> print(3.9 and 1 and 9)
9
>>> print(3.9 and 2 and 1)
1
9.9 and 1)
>>> print(2 and 2==1 and 0)
False
>>> print(1==1 and 2 and 1)
2
>>> print(1==2 and 2 and 0)
```

```
False
```

通过实践总结得出多因数的逻辑与/或运算中，输出结果满足图 1-12 所示的规律。

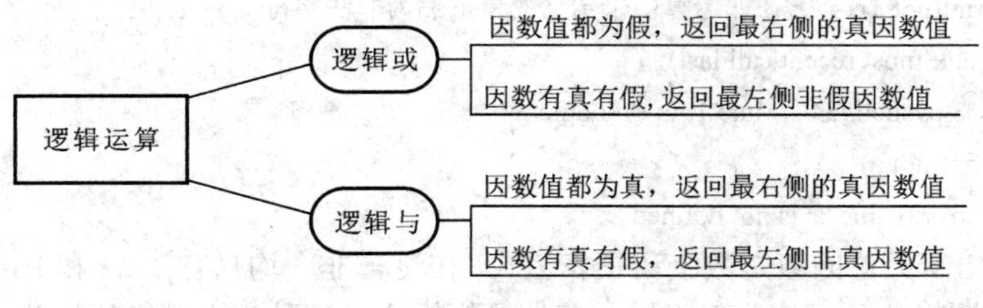

图 1-12　逻辑运算分类

3. 逻辑非

假设用如图 1-13 所示的两个笼子分别圈养狼和羊，则若要羊不被狼吃掉，门 1 必须常闭。

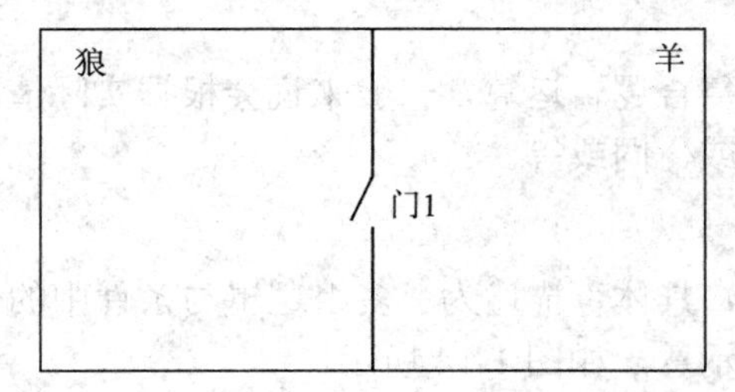

图 1-13　逻辑非示意图

因此，门 1 的状态与羊是否被吃掉之间就构成了“非”逻辑，也称逻辑非，用 not 表示，这段逻辑用伪代码可这样描述：

```
if not 门 1:
    羊安全
```

同样用 0 和 1 分别对应门 1 的关闭与开启和羊安全与被吃掉，则对应真值表如表 1-9 所示。

表 1-9　逻辑非真值表

门 1	结果
0	0
1	1

逻辑非为变量自身的运算，举例如下：

```
>>> print(not 0)
True
>>> print(not 1==1 )
False
>>> print(not 1)
False
>>> print(not '1')       #在非运算中所有字符串均为合法字符，值为非假
False
```

```
>>> print(not 1==2)
True
>>> print(not a)       #在非运算中未定义变量依然为非法字符
Traceback(most recent call last):
  File "<pyshell#34>", line 1, in <module>
    print(not a)
NameError: name 'a' is not defined
```

由此可看出，无论因数是数字还是表达式，在逻辑非中均只有 True 和 False 两种取值，没有 0 和 1，逻辑非不可拓展但可以与其他逻辑组合。三种基本逻辑的运算优先级为逻辑非 > 逻辑与 > 逻辑或。

1.6.2　复合逻辑运算

逻辑运算的组合称为复合逻辑运算，一般来说会根据实际情况综合应用，常见组合有与或、与非、与或非、异或、同或等。

1. 与或

与或关系即先与后或，具体可描述为：多组逻辑与条件中的任意一组为真，则结果为真，可用门与房间的关系示意，如图 1-14 所示。

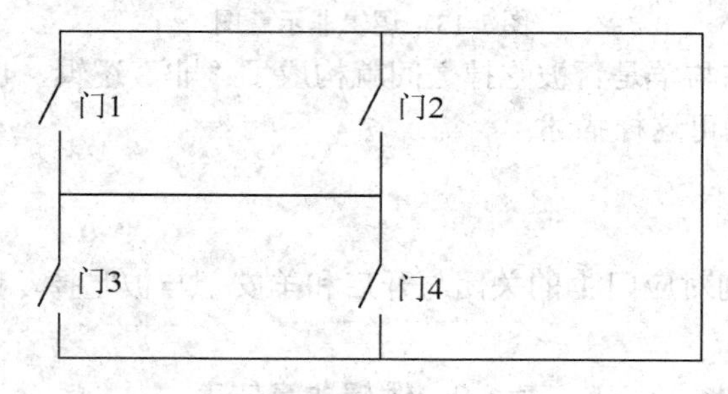

图 1-14　逻辑与或示意图

四门的开关状态与事件“能否进入内室”的关系便可用与或表示，我们可用一段程序来测试：

```
1   d1 = input('1 号门的状态(开/关):')
2   d2 = input('2 号门的状态(开/关):')
3   d3 = input('3 号门的状态(开/关):')
4   d4 = input('4 号门的状态(开/关):')
5   if d1=='开' and d2=='开' or d3=='开' and d4=='开':
6       print('可以进入内室')
7   else:
8       print('不可进入内室')
```

由于与运算的优先级高于或运算，因此 if 的逻辑表达式中无须加括号。本例中门与房间数都可增加，因此，与或关系也可延伸拓展。

2. 与非

与非关系即先与后或非，具体可描述为：所有组逻辑与因子均为真时结果反为假，可用狼羊分圈的模型来模拟与非关系，如图 1-15 所示。

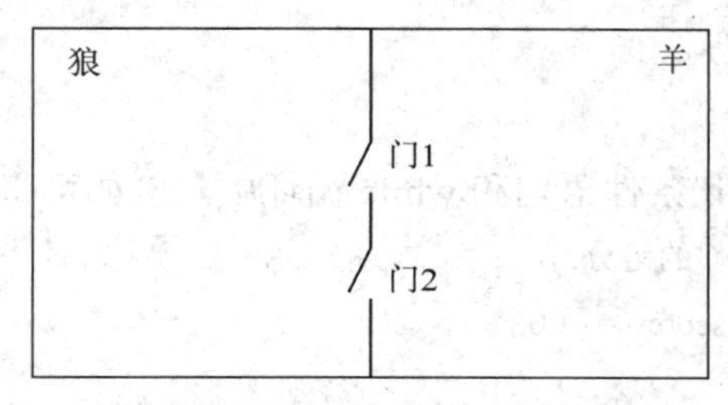

图 1-15　与非关系示意图

当两圈间有数道门时，必须均常闭，羊才安全，若用 1 表示门开，0 表示门关，则可这样模拟：

```
1  d1=int(input('1 号门的状态(1/0):'))
2  d2=int(input('2 号门的状态(1/0):'))
3  if not(d1 and d2):
4      print('羊安全')
5  else:
6      print('羊不安全')
```

非运算优先级高于与运算，因此需要添加括号。门的数量可增加，因此与非关系中的“与式”可拓展。

3. 异或与同或

异或关系与同或是两变量间的关系，两变量取值一真一假时结果为真则为异或，两变量取值同真同假时结果为真则为同或。同或与异或是一对相对立逻辑，即异或取非后为同或，其真值表分别如表 1-10 和表 1-11 所示。

表 1-10　异或真值表

异或		
变量 1	变量 2	变量 3
0	0	0
0	1	1
1	0	1
1	1	0

表 1-11　同或真值表

同或		
变量 1	变量 2	结果
0	0	1
0	1	0
1	0	0
1	1	1

红绿灯的工作便是典型的异或关系，用 lg 表示绿灯、lr 表示红灯，0 和 1 分别代表熄灭与亮起，则当灯一亮一灭时交通灯正常，同亮同灭则故障，检测程序表示如下：

```
1  lg=int(input('绿灯的状态(1/0):'))
2  lr=int(input('红灯的状态(1/0):'))
3  if(lr and not lg) or(lg and not lr):
```

```
4        print('交通灯正常')
5    else:
6        print('交通灯故障')
```

1.6.3　应用举例

布尔逻辑广泛应用于 if 条件语句和 while 循环中，例如可将例 1-7 的代码修改如下：

```
1    score=float(input('你的考分:'))
2    if score >= 90 and score <= 100:
3        print('优')
4    if score >= 80 and score < 90:
5        print('良')
6    if score > 60 and score < 80:
7        print('及格')
8    if score < 60:
9        print('不及格')
10   if score > 100 or score < 0:
11       print('输入有误')
```

以 80 分为例运行结果如下：

```
你的考分:80
良
>>>
```

这样一来使用单分支结构也能完成例 1-7，并且增加一条“输入有误”的提示使逻辑更严密。由此题也可看出，布尔逻辑可用于设定取值范围。

【例 1-11】 使用布尔逻辑编写程序，实现：输入一个数，判断该数是否为 45 和 96 的公约数。

解　根据公约数的定义，数据类型应为整型，编程如下：

```
1    div=int(input('请输入一个整数:'))
2    if 45%div == 0 and 96%div == 0:
3        print(div, '是 45 和 96 的公约数')
4    else:
5        print(div, '不是 45 和 96 的公约数')
```

输入任意一个整数，运行结果如下：

```
请输入一个整数:3
3 是 45 和 96 的公约数
>>>
```

布尔代数的应用非常广泛，且与诸多后续学习内容结合紧密，届时将会频繁使用到布尔代数。

1.7　for 循环

条件结构与 while 循环有着诸多相似，既然条件结构有嵌套，那么循环自然也是有的。纵观宇宙，天体间的关系就是一个个嵌套的循环，如图 1-16 所示。

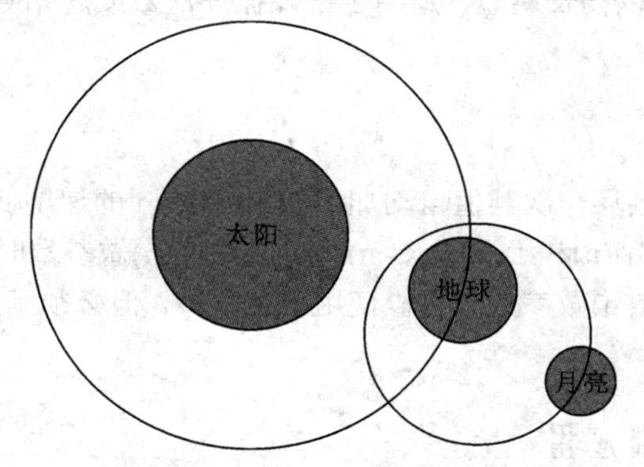

图 1-16　太阳、地球、月亮关系图

我们可以用一段代码来模拟三者的关系：

```
1    year=2020              #起始年份
2    while year<2025:
3        year+=1
4        print('\n', year, '年')
5        mon=1
6        while mon<=12:
7            print(mon, '月', end=' ')
8            mon+=1
```

运行结果如下：

```
 2021 年
1 月 2 月 3 月 4 月 5 月 6 月 7 月 8 月 9 月 10 月 11 月 12 月
 2022 年
1 月 2 月 3 月 4 月 5 月 6 月 7 月 8 月 9 月 10 月 11 月 12 月
 2023 年
1 月 2 月 3 月 4 月 5 月 6 月 7 月 8 月 9 月 10 月 11 月 12 月
 2024 年
1 月 2 月 3 月 4 月 5 月 6 月 7 月 8 月 9 月 10 月 11 月 12 月
 2025 年
1 月 2 月 3 月 4 月 5 月 6 月 7 月 8 月 9 月 10 月 11 月 12 月
>>>
```

月亮绕地球一圈为 1 个月，地球绕太阳一圈为一年，所以月亮转 12 圈即 12 个月就是一年，这段代码模拟了 5 年的情况示意。本题中为了使输出格式合理，在第七行代码中添加了参数 end，并赋值为空格。end 是 print 函数的一个默认参数，代表结束符，在不对其赋值时默认回车换行，而指定时则以指定值为准，因此每个月份之后都会输出一个空格。

while 循环虽然可以嵌套，但使用起来比较烦琐。以本例来看，首先需要设两个变量且 year 必须为外部变量，mon 必须为内部变量。变量递增的位置也有讲究，当程序复杂时，逻辑的复杂度会直线上升。这是因为 while 并不擅长计数类型的循环。

另一种循环方式可以扬长避短，适用于已知循环次数或起始数字的情况，这种循环叫 for 循环，代码格式为：

```
for i in range():
    代码块
```

其中 i 是循环因子，每循环一次其值自动加 1，range()是 i 的递增变化范围，括号中的参数有两种格式，即单个数字(n)和上下限(x, n)。单个数字(n)做参数时只能为正整数，默认范围为 0～(n-1)，上下限(x, n)做参数时可以使用任意整数，但必须满足 n>x，默认范围为 x～(n-1)。

1.7.1 for 循环基础应用

使用 for 可将上例代码改为：

```
1  for i in range(2020, 2024):
2      print('\n', i, '年')
3      for j in range(1, 13):
4          print(j, '月', end=' ')
```

修改后代码瘦身不少，for 循环的优势跃然纸上。

【例 1-12】 用 for 循环打印例 1-5 的菱形图案。

分析　此题关键是如何用 for 循环做递减输出，既然循环因子只能单向递增，那么将 i 的系数变为-1 后自然便能实现递减了，根据实际情况可以确定这个常数，代码可修改如下：

```
1  for i in range(4):
2      print(("*"*(2*i+1)).center(9))
3  for i in range(4):
4      print(("*"*(5-2*i)).center(9))
```

运行结果如下：

```
    *
   ***
  *****
 *******
  *****
   ***
    *
>>>
```

虽然多个案例中 for 循环的优势明显，但 for 循环是不能取代 while 循环的，例如无限循环只有 while 可以实现。总的来说，for 循环只能执行明确次数和上下限为整数的循环，而 while 可以实现所有循环。简单来说 for 循环真包含于 while 循环，但 for 循环代码更加简洁，使用更加快捷，好比 while 循环减配瘦身后的 SE 版本。

1.7.2 for 循环嵌套

【例 1-13】 试用循环嵌套以例 1-11 为元素再拼凑出新的菱形图案，如图 1-17 所示。

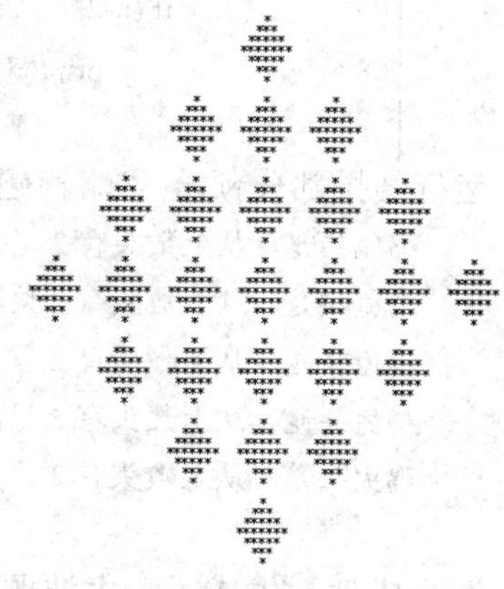

图 1-17 菱形拼凑图案

分析 这是一道数学题。所谓程序即“算法+逻辑”，所谓算法即与数学有关。把之前的菱形图案当做元素，则意味着单个菱形图案的原代码几乎不变，需要改变的是位置和数量。首先需要中心定位，从几何知识得，菱形的中心是对角线交点，因此横向对角线为 7 个菱形，则长为 63。再看上半截，为等差递增数列，因此个数为 2*i+1，同理下半截为 5-2*i，最关键的是中心定位，观察发现，中心点即为横向对角线中点，代码如下：

```
1  for j in range(4):
2      for i in range(4):
3          print((("*"*(2*i+1)).center(9)*(2*j+1)).center(63))
4      for i in range(4):
5          print((("*"*(5-2*i)).center(9)*(2*j+1)).center(63))
6  for j in range(4):
7      for i in range(4):
8          print((("*"*(2*i+1)).center(9)*(5-2*j)).center(63))
9      for i in range(4):
10         print((("*"*(5-2*i)).center(9)*(5-2*j)).center(63))
```

1.7.3 应用举例

“鸡兔共笼”是我国从古流传至今的经典数学问题，大约在 1500 年前 ，《孙子算经》中就记载了这个有趣的问题。书中是这样叙述的：“今有雉兔同笼，上有三十五头，下有九十四足，问雉兔各几何？”翻译过来就是：有若干只鸡和兔关在同一个笼子里，从上面数，有 35 个头，从下面数，有 94 只脚。问笼中各有几只鸡和兔。事实上这是一道二元一次方程组求解的数学问题。今天我们的目的自然不是求解这个小学数学题，而是反过来研究如何出题，即当头数与腿数满足何种关系时题目有解。

分析 ① 腿数大于头数且大于头数的两倍；② 腿数减去头数的两倍即为兔腿数，再除以 2 即兔的数量。用编程思维，要满足第一条很简单，让腿数的取值范围下限大于头数取值范围上限即可。同时，鸡与兔的数量均不能为零，要满足第二条可直接用代数式表示。

综合考虑，可尝试这样编程：

```
1  for m in range(2, 20):          #头的总数，因鸡兔至少各一只，所以下限为2
2      for n in range(20, 80):      #腿的总数
3          for i in range(5, 20):   #兔的数量
4              if (n-2*m)/2==i :
5                  print('鸡兔共笼，从上数头有', m, '只，从下数腿有', n, '只，
                        请问鸡兔各几只？', end='\n'*5)      #答题间隔五行
```

运行结果部分预览(省略答题间隔)：

鸡兔共笼，从上数头有 2 只，从下数腿有 20 只，请问鸡兔各几只？
鸡兔共笼，从上数头有 2 只，从下数腿有 22 只，请问鸡兔各几只？
鸡兔共笼，从上数头有 2 只，从下数腿有 24 只，请问鸡兔各几只？
鸡兔共笼，从上数头有 2 只，从下数腿有 26 只，请问鸡兔各几只？
鸡兔共笼，从上数头有 2 只，从下数腿有 28 只，请问鸡兔各几只？
…

运行成功，生成了一大波题目。但同时也发现了问题：① 没有题号，所以只能看到“一大波”；② 题面数字固定，若想改变需要修改程序；③ 出现难度过低的题目；④ 题目间相似度太高；⑤ 题目数量过多。这里涉及的问题都与三个 for 循环中的常数有关，但若把每个数字都改为可变参数，便加大了使用复杂度。综合考虑，可尝试选择将头数下限作为可变参数，而其余界限按比例改变，并将参数设为可输入。那么如何确定兔的数量取值范围呢？上限很简单，即腿数除以 4，下限本应是 1，但为避免难度过低可提高上限，原则上比上限小即可，如腿数除以 5、腿数除以 6 等，诸番考虑可将程序修订如下：

```
1  a=int(input('请任意输入一个正整数：'))
2  for m in range(a, 2*a):
3      for n in range(2*a, 4*a):
4          for i in range(n//6, n//4):
5              if (n-2*m)/2==i :
6                  print('鸡兔共笼，从上数头有', m, '只，从下数腿有', n, '只，请
                        问鸡兔各几只？', end='\n'*5)
```

最后加上题号，较合理的题库生成器便基本成型了：

```
1  a=int(input('请任意输入一个正整数：'))
2  x=1      #题号
3  for m in range(a, 2*a):
4      for n in range(2*a, 4*a):
5          for i in range(n//6, n//4):
6              if (n-2*m)/2==i :
7                  print(x, '鸡兔共笼，从上数头有', m, '只，从下数腿有', n, '只，
                        请问鸡兔各几只？', end='\n'*5)
8  x=x+1
```

当输入整数 8 时共输出 9 道题目，输入 20 时输出 43 道题目，输入 50 则输出 233 道题目。数量、难度适中，且难度随输入数字增大而增大，题目有一定差异度。继续调整 a 与 i 的取值可进一步优化。

不管是前面的打印菱形还是这里的鸡兔共笼，都有一个共同点，即输出结果随某些参数改变而改变。于是我们思考可否能将程序做个封装，就像用圆规画图一样，找到圆心，确定半径，就可以画出大大小小的圆形，而不需要每次画圆的时候都亲手制作一个圆规。换言之，把常用的程序做成通用工具，需要时直接取用即可。这自然是可行的，这也是第二章要介绍的主要内容。

习　题　一

1.1　分析以下各语句的输出结果

```
>>> print(2*3**3)
>>> print('2*3'*3)
>>> print('2*3'+3)
```

1.2　试用 Python 打印由“*”组成的平行四边形和等腰梯形。

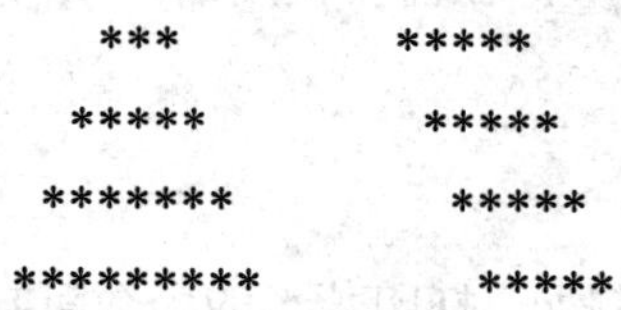

1.3　使用 while 循环设计程序实现将一个小于等于 1024 的正十进制整数转换为二进制数并输出。

1.4　试用 for 循环嵌套打印九九乘法表。

1.5　设计程序求任意两个正整数的所有公约数和最大公约数。

1.6　身体质量指数(Body Mass Index，BMI)是国际上常用的衡量人体肥胖程度和是否健康的重要标准，理想 BMI(18.5～23.9) = 体重(kg) ÷ 身高的平方(m^2)。根据世界卫生组织定下的标准，亚洲人的 BMI 若高于 22.9 便属于过重，低于 18.5 为偏瘦，两者之间为标准。试编写程序实现输入身高体重数值后自动判断体型特点并输出。

1.7　分析以下各语句的输出结果。

```
>>> print(1 and a or 0)
>>> print(1 or 'a' and 0)
>>> print(0 or 0.9 and a)
>>> print(0 or 9 and 9.9)
```

第二章　函数与文件

2.1　函　　数

参数可以将重复执行的指令合并，循环可以将重复执行的代码块合并，而执行相同方法但参数不同的代码块则可以使用函数。

2.1.1　函数的定义

函数是通过封装相关代码使其能实现某种功能的模块，在需要使用的时候可以调用。封装代码块的过程为定义函数，其格式为：

def 函数名(参数):

代码块

简单来说，给代码起个名字，这个名字便是函数，例如，打印菱形的函数可封装如下：

```
1  def rhom(m, n):
2      for i in range (m):
3          print(("*"*(2*i+1)).center(n))
4      for i in range (m):
5          print(("*"*((2*m-2)-(2*i+1))).center(n))
```

源代码中的部分常数变成了变量，并作为函数的参数，这样一来，填入不同的参数值便可得到大小不同、位置不同的菱形。那么如何填入参数呢？这就涉及函数的调用了。

2.1.2　函数的调用

调用函数直接执行“函数名(参数)”，同时填入具体的参数值，例如：

```
1  def rhom(m, n):
2      for i in range (m):
3          print(("*"*(2*i+1)).center(n))
4      for i in range (m):
5          print(("*"*((2*m-2)-(2*i+1))).center(n))
6  rhom(4, 9)
7  rhom(5, 10)
```

如上所示，代码第 6、7 行就在给函数填入参数，填入不同参数值运行后得到以下两个菱形图案：

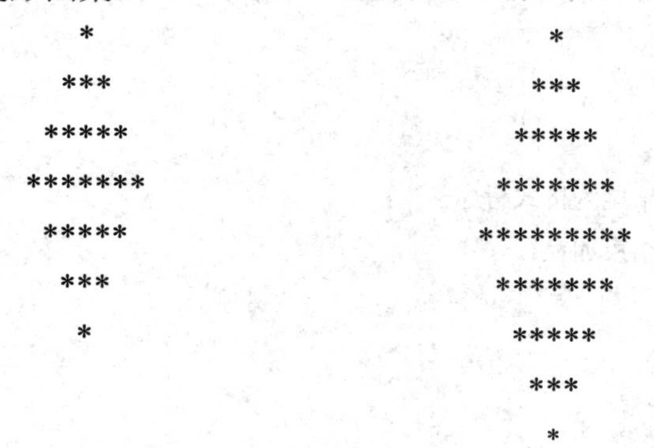

【例 2-1】 试用定义函数的方式分别输出 1～20 和 50～100 以内的所有偶数。

分析　首先分析得出能被 2 整除的数即为偶数，即可用模 2 运算来作为判断表达式；然后看到两种情况都是在一定范围内搜寻，因此可使用 for 循环；最后观察两种情况的上下限各不相同，所以需要使用两个参数，参考代码如下：

```
1   def eve(m, n):
2       for i in range(m, n+1):
3           if i%2==0:
4               print(i, end=' ')      #空格结尾为格式考虑
5       print('   ')                   #程序结束加空格
6   eve(1, 20)
7   eve(50, 100)
```

运行结果为：

```
2 4 6 8 10 12 14 16 18 20
50 52 54 56 58 60 62 64 66 68 70 72 74 76 78 80 82 84 86 88 90 92 94 96 98 100
>>>
```

2.1.3　函数的参数

在定义函数名和函数体时常常会使用到参数，参数可以是单个或多个，有的函数没有参数。参数的目的是用来接收调用该函数时传递的数据信息。在函数体中使用的参数为形式参数，简称形参，其作用是实现主调函数与被调函数之间的关系，没有具体取值。通常将函数所处理的数据，影响函数功能的因素或者函数处理的结果作为形参。调用函数时，使用有确定值的常量、变量、表达式、函数等为实际参数，简称实参。例如例 2-1 代码中，“m，n”是形参，“1，20”和“50，100”是实参。

对于多参数函数而言，其参数根据性质及功能不同有不同分类，这里以如下三种常用参数类型举例说明。

1. 位置参数

调用函数时根据函数定义的参数位置来传递信息的参数为位置参数，两个参数的顺序

必须一一对应，且少一个参数都不行。

借用例 2-1 代码，在调用函数前先用两条语句给参数赋值：

```
1	def eve(m, n):
2	        for i in range(m, n+1):
3	        if i%2==0:
4	            print(i, end=' ')   #空格结尾为格式考虑
5	    print('\n ')                #程序结束加换行
6	m=int(input('请输入下限：'))
7	n=int(input('请输入上限：'))
8	eve(m, n)                       #输出正常
9	eve(n, m)                       #输出为空
```

运行结果：

```
请输入下限：1
请输入上限：20
2 4 6 8 10 12 14 16 18 20
>>>
```

用 eve(m, n)和 eve(n, m)分别调用函数后会发现，前者能正确输出而后者输出为空。这说明 m 和 n 两个参数就是位置参数，不可调换顺序。

【例 2-2】 判断以下两个函数中的参数是否为位置参数。

```
1	def add(m, n):
2	    print(m+n)
3	m=int(input('请输入一个数：'))
4	  n=int(input('请再输入一个数：'))
5	add(m, n)
6	add(n, m)
1	def sub(m, n):
2	    print(m-n)
3	m=int(input('请输入一个数：'))
4	    n=int(input('请再输入一个数：'))
5	sub(m, n)
6	sub(n, m)
```

分析　运行结果分别为：

```
请输入一个数：1
请再输入一个数：5
6
6
>>>
请输入一个数：1
```

```
请再输入一个数：5
-4
4
>>>
```

两段代码都能正常运行，不同的是在交换参数位置的两种调用方式下，前者的结果不变而后者变了。因此add(m, n)函数中的参数不是位置参数，sub(m, n)中的参数是位置参数。

2. 关键字参数

关键字参数用于实参，通过“键=值”的形式加以指定。这种形式让赋值更加明确、使用更加容易，同时还清除了参数的顺序需求。例如：

```
1  def sub(m, n):
2      print(m-n)
3  sub(n=3, m=5)
```

调用函数使用实参赋值时带上形参名，就变成了关键字参数，虽然顺序交换了，但程序不会报错也能正确输出结果。此题我们也可以用“一个位置参数+一个关键字参数”的形式调用函数，比如sub(5, n=3)，但要注意两点，一是此时顺序不能打乱，第一个参数5对应为m的实参，n=3不用说是n的实参；二是关键字参数必须在位置参数之后，否则程序会报错。

3. 默认参数

默认参数用于形参，为参数提供默认值，调用函数时可传可不传，不传则默认参数的值，传则可修改参数值。无论形参还是实参所有的位置参数，必须出现在默认参数前。在前面学习的print函数中就用到过默认参数结束符“end”。不传时默认结束符为回车，传时可改变。自定义函数中也会使用到默认参数，例如：

```
1  def sub(m, n, x=3):
2      print(m-n+x)
3  sub(3, 5)                #不传x的值，x默认为3
4  sub(3, 5, x=5)           #传x的值并修改
5  sub(n=3, m=5, x=5)       #以关键字参数形式使用m和n
6  sub(n=3, x=5, m=5)       #交换关键字参数与默认参数位置
```

运行结果：

```
1
3
7
7
>>>
```

【**例2-3**】这是一个猜数字小游戏，试判断各调用方式是否正确以及对应的输出情况。

```
1  def com(answer, n, a=1):
2      while a<=n:
```

```
3            number = int (input ("Enter a number：") )
4            if number != answer:
5                if number > answer:
6                    print("太大了")
7                else:
8                    print("太小了")
9            else:
10               break                      #跳出循环
11           print("你还有", (n-a), "次机会")
12           a+=1
13       if a==n+1:
14           print("对不起，你的机会已用完")
15       else:
16           print("恭喜你答对了")
17   com(45, 6)
18   com(45, 6, 2)
19   com(45, n=6)
20   com(45, n=6, a=2)
21   com(n=6, 45)
22   com(6, 45, 2)
23   com(6, answer=45, 2)
24   com(n=6, answer=45)
```

分析　本题主要考察位置参数、关键字参数和默认参数的使用，根据各个参数的定义和特性，情况如下：

```
1   com(45, 6)                 #正确，默认参数不变
2   com(45, 6, 2)              #正确，默认参数改变，减少一次机会
3   com(45, n=6)               #正确，默认参数不变
4   com(n=6, 45)               #报错，关键字参数位于位置参数前
5   com(6, 45, 2)              #正确，但答案变为 6，次数变为 44
6   com(6, answer=45, a=2)     #报错，answer 有 6 和 45 两种取值
7   com(n=6, answer=45)        #正确，默认参数不变
```

2.1.4　函数的返回值

一般函数执行完毕后便没了后续，但往往在执行过程中会产生各种数据。如果希望把处理结果提取出来以便做进一步处理，则可使用 return 返回函数处理结果，例如在例 2-3 函数 com 中，一次猜中跟六次猜中的程序并未做区分。假如我们想特别嘉奖一次猜中者，则可这样做：

```
1    def com(answer, n, a=1):
2        while a<=n:
3            number = int (input ("请输入一个数：") )
4            if number != answer:
5                if number > answer:
6                    print("太大了")
7                else:
8                    print("太小了")
9            else:
10               break              #跳出循环
11           print("你还有", (n-a), "次机会")
12           a+=1
13       if a==n+1:
14           print("对不起，你的机会已用完")
15       else:
16           print("恭喜你答对了")
17           return a               #返回函数结果
18   if com(n=6, answer=45)==1:
19       print('太厉害了，一次就猜对')
```

运行结果：

1. 一般情况

```
请输入一个数：50
太大了
你还有 5 次机会
请输入一个数：30
太小了
你还有 4 次机会
请输入一个数：45
恭喜你答对了
>>>
```

2. 一次猜对

```
请输入一个数：45
恭喜你答对了
太厉害了，一次就猜对
>>>
```

返回的结果虽然是 a 的值，但是我们不能用“a==1”来做判断表达式，因为 a 是函数 com 的内部变量，有了返回值的函数可以做变量使用，“if com(n=6, answer=45)==1”代表在调用函数的同时取其值。

函数返回值除了内部变量值外，也可以返回常数、字符串和逻辑值(True/False)等结果。若函数有多个返回值可用逗号隔开，所有返回值将自动封装为元组(一种数据结构，后续将学习)，若并行排列则遵循先到先得原则，以第一条 return 结果为准。例如：

```
1  def f(n):
2      return 2, 2*n, 'n'
3      return n
4  for i in range(5):
5      print(f(i))
```

代码运行结果为：

```
(2, 0, 'n')
(2, 2, 'n')
(2, 4, 'n')
(2, 6, 'n')
(2, 8, 'n')
>>>
```

其中，return n 的结果被覆盖，不会输出，return n+1, 2*n, 'n'有三个结果，封装成元组输出。

【例 2-4】 利用返回函数值，定义一个判断是否为素数的函数，并输出 100 以内所有素数。

分析　只能被 1 和自身整除的数为素数，反之，除了 1 和自身外只要再找到一个因数，这个数则为合数。显然判断合数比素数简单，因为可以一票否决，合数是素数的补集，找出了合数，余下的自然是素数了。判断是否为合数，需要从 2 开始检查是否为被除数的因数，因此想到用 for 循环，因数检查自然用模运算，于是思路如下：

```
1  def isprime(x):
2      for i in range(2, x):
3          if x%i == 0:
4              return False            #一旦找到因数则跳出循环
5              break
6      return True
7  for j in range(2, 100):
8      if isprime(j):
9          print( j, end = ' ')
```

运行结果为：

```
2 3 5 7 11 13 17 19 23 29 31 37 41 43 47 53 59 61 67 71 73 79 83 89 97
>>>
```

这里两个 return 值非常关键，只要该数有一个因数便可判定为合数，立即返回结果，去掉后面的 break 也不会影响结果，但会增加很多无谓的计算，使用 break 则可去掉这些冗余开销。程序中返回的是两个逻辑值 True 和 False。return True 的设计就比较巧妙了，假设该数为合数，函数会返回 False 和 True 两个值，但因 False 在前，True 被屏蔽则最终该数被判定为合数，反之，函数只会返回 True 一个值，自然结果就是素数了。接下来再在 2～100 之间循环调用 isprime 则可筛选出所有素数。为什么起点是 2 呢？因为 1 既不是素数也不是合数，若不去掉它，按代码逻辑程序会将其判定素数，这是不对的，因此起点必须从 2 开始。我们将函数中的 True 与 False 位置交换，函数其余部分及调用方式均不变则可筛选出 100 以内的所有合数。

2.2 函数举例

通过学习我们知道函数是构建程序体系的重要模块，而这些模块一旦设计好便能在需要的时候直接调用。

2.2.1 内嵌函数

除了自定义函数外，Python 中还嵌入了很多实用函数，需要时直接调用即可。比如在前面的学习中广泛用到的 print、while 和 input 等，这些由系统定义好、直接可以使用的函数叫作内嵌函数，Python 常用的内嵌函数列表如表 2-1 所示。

表 2-1 Python 常用函数

函数名	描述
abs()	获取绝对值
all()	接收一个迭代器，如果迭代器的所有元素都为真，那么返回 True，否则返回 False
any()	接收一个迭代器，如果迭代器里有一个元素为真，那么返回 True，否则返回 False
ascii()	调用对象的__repr__()方法，获得该方法的返回值
bin()、oct()、hex()	三个函数功能为：将十进制数分别转换为 2/8/16 进制
bool()	测试一个对象是 True 还是 False
bytes()	将一个字符串转换成字节类型
str()	将字符类型/数值类型等转换为字符串类型
challable()	判断对象是否可以被调用，能被调用的对象就是一个 callables 对象，比如函数和带有__call__()的实例
char()	查看十进制数对应的 ASCII 字符
ord()	查看某个 ASCII 对应的十进制数
classmethod()	用来指定一个方法为类的方法，由类直接调用执行 只有一个 cls 参数，执行类的方法时，自动将调用该方法的类赋值给 cls
complie()	将字符串编译成 Python 能识别或可以执行的代码，也可以将文字转换成字符串再编译

续表一

函 数 名	描　　述
complex()	创建一个值为 real + imag * j 的复数或者转化一个字符串或数为复数。如果第一个参数是字符串，则不需要指定第二个参数
	参数 real：int，long，float 或字符串
	参数 imag：int，long，float
delattr()	删除对象的属性
dict()	创建数据字典
dir()	不带参数时返回当前范围内的变量，方法和定义的类型列表，带参数时返回参数的属性，方法列表
divmod()	分别取商和余数
enumerate()	返回一个可以枚举的对象，该对象的 next()方法将返回一个元组
eval()	将字符串 str 当成有效的表达式来求值并返回计算结果
exec()	执行字符串或 complie 方法编译过的字符串，没有返回值
filter()	过滤器，构造一个序列
float()	将一个字符串或整数转换为浮点数
format()	格式化输出字符串
frozenset()	创建一个不可修改的集合
getattr()	获取对象的属性
globals()	返回一个描述当前全局变量的字典
hasattr(object, name)	判断对象 object 是否包含名为 name 的特性
hash()	哈希值
help()	返回对象的帮助文档
id()	返回对象的内存地址
input()	获取用户输入内容
int()	将一个字符串或数值转换为一个普通整数
isinstance()	检查对象是否是类的对象，返回 True 或 False
issubclass()	检查一个类是否是另一个类的子类，返回 True 或 False
iter(o[, sentinel])	返回一个 iterator 对象。该函数对于第一个参数的解析依赖于第二个参数
	如果没有提供第二个参数，那么参数 o 必须是一个集合对象，支持遍历功能(__iter__()方法)或支持序列功能(__getitem__()方法)
	参数为整数，从零开始。如果不支持这两种功能，将触发 TypeError 异常
	如果提供了第二个参数，参数 o 必须是一个可调用对象。在这种情况下创建一个 iterator 对象，每次调用 iterator 的 next()方法
	参数的调用 o，如果返回值等于参数 sentinel，触发 StopIteration 异常，否则返回该值

续表二

函 数 名	描　述
len()	返回对象长度，参数可以是序列类型(字符串，元组或列表)或映射类型(如字典)
list()	列表构造函数
locals()	打印当前可用的局部变量的字典
map(function, iterable, ...)	对于参数 iterable 中的每个元素都应用 fuction 函数，并将结果作为列表返回
	如果有多个 iterable 参数，那么 fuction 函数必须接收多个参数，这些 iterable 中相同索引处的元素将并行作为 function 函数的参数
	如果一个 iterable 中元素的个数比其他少，那么将用 None 来扩展 iterable 使元素个数一致
	如果有多个 iterable，且 function 为 None，map()将返回由元组组成的列表，每个元组包含所有 iterable 中对应索引处值
	参数 iterable 必须是一个序列或任何可遍历对象，函数返回的往往是一个列表(list)
max()	返回给定元素里最大值
meoryview()	返回对象 obj 的内存查看对象
min()	返回给定元素里最小值
next()	返回一个可迭代数据结构(如列表)中的下一项
object()	获取一个新的，无特性(geatureless)对象。Object 是所有类的基类。它提供的方法将在所有的类型实例中共享
open()	打开文件
pow()	幂函数
print()	输出函数
property()	属性函数
range()	根据需要生成一个指定范围的数字，可以提供需要的控制来迭代指定的次数
repr()	将任意值转换为字符串，供计时器读取的形式
reversed()	反转，逆序对象
round()	四舍五入
set()	创建一个无序不重复元素集
setattr()	与 getattr()相对应
slice()	切片功能
sorted()	排序

续表三

函数名	描　述
staticmethod()	返回函数的静态方法
str()	字符串构造函数
sum()	求和
super()	调用父类的方法
tuple()	元组构造函数
type()	显示对象所属的类型
vars()	返回对象 object 的属性和属性值的字典对象
zip()	将对象逐一配对
__import__()	用于动态加载类和函数

上表中提到的函数只是 Python 众多内嵌函数中的冰山一角，并不需要全部记住，可以在需要的时候检索。为方便检索，开发者将函数整理归类成若干个集合，函数的集合称为库，内嵌函数组成的库也称为标准库，Python 的标准库函数种类繁多，根据功能又划分成了各个模块，常用的有 os(操作系统模块)、math(数学模块)、random(随机模块)和 datetime(时间模块)等等。除此之外，因为 Python 是开源的，故其众多优势吸引了很多程序爱好者开发了很多优秀的程序，以供使用者直接调用，这些函数称为第三方库。初学者可以从各个开发者兴趣论坛中学习、搜录优秀的第三方库，部分常用的标准库和第三方库如图 2-1 所示。

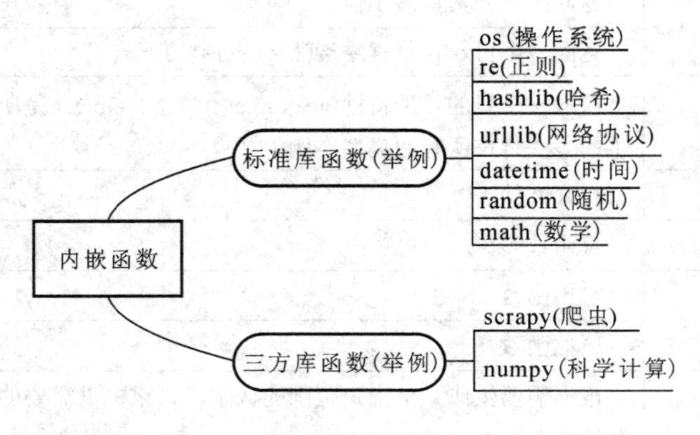

图 2-1　常用库

说 Python 的函数数以万计一点都不夸张，这些都是前辈们留下的财富，尽可能多地了解这些函数可以让开发工作事半功倍。常用函数务必记住，而更多的是要知道怎么去找到它们。

标准库函数可以直接调用，调用指令为 import，格式为“import + 空格 + 模块名称”，第三方库则需要安装后再调用。

打开 shell，使用 import 调用指定模块后，再输入 dir(模块名)可查询该模块下的所有函数，以 urllib 为例，操作如下：

```
>>> import urllib
```

```
>>> dir(urllib)
['__builtins__', '__cached__', '__doc__', '__file__', '__loader__', '__name__', '__package__', '__path__',
'__spec__', 'error', 'parse', 'request', 'response']
```

这样便可以看到 urllib 模块中的所有函数。有的模块下还有子模块，以“模块名.子模块名”命名，如 urllib.request 就是 urllib 中的一个子模块，我们来查看下其中的函数。操作如下：

```
>>> import urllib.request
>>> dir(urllib.request)
['AbstractBasicAuthHandler', 'AbstractDigestAuthHandler', 'AbstractHTTPHandler', 'BaseHandler',
'CacheFTPHandler', 'ContentTooShortError', 'DataHandler', 'FTPHandler', 'FancyURLopener',
'FileHandler', 'HTTPBasicAuthHandler', 'HTTPCookieProcessor', 'HTTPDefaultErrorHandler',
'HTTPDigestAuthHandler', 'HTTPError', 'HTTPErrorProcessor', 'HTTPHandler', 'HTTPPasswordMgr',
'HTTPPasswordMgrWithDefaultRealm', 'HTTPPasswordMgrWithPriorAuth', 'HTTPRedirectHandler',
'HTTPSHandler', 'MAXFTPCACHE', 'OpenerDirector', 'ProxyBasicAuthHandler', ……']
```

函数太多，这里只截取其中一部分。由此看来，子模块比主模块的函数数量多也是常见的，且两者中的函数各不相同。下面以几个常用模块举例说明库函数的使用：

1. math 模块

math 收录了多种常用的数学计算和数学函数，也包含像Π这样的常量。基本上这些函数都能从函数名看出其功能。math 模块中的函数功能都很纯粹，没有分支。部分常用函数说明如表 2-2 所示。

表 2-2　常用函数

函数	说　　明
ceil	向上取整
copysign(x, y)	把 y 的正负号加到 x 前面，可以使用 0
cos(x)	求 x 的余弦，x 必须是弧度
degrees(x)	弧度转换成角度
exp(x)	返回 math.e, 也就是 2.71828 的 x 次方
expm1(x)	返回 math.e 的 x(其值为 2.71828)次方的值减 1
fabs(x)	取绝对值
factorial(x)	阶乘
floor(x)	向下取整
fmod(x, y)	得到 x/y 的余数，其值是一个浮点数
frexp(x)	返回一个元组(m, e)，其计算方式为：x 分别除 0.5 和 1，得到一个值的范围
fsum	对迭代器里的每个元素进行求和操作
gcd(x, y)	返回 x 和 y 的最大公约数
hypot(x)	如果 x 是不是无穷大的数字，则返回 True，否则返回 False

续表

函数	说　明
isfinite(x)	如果 x 是正无穷大或负无穷大，则返回 True，否则返回 False
isinf(x)	如果 x 是正无穷大或负无穷大，则返回 True，否则返回 False
isnan(x)	如果 x 不是数字 True，否则返回 False
ldexp(x)	返回 x*(2 的 exp 次幂)的值
log(x, base)	返回 x 的自然对数，base 为默认参数默认值为 e，base 参数给定时，返回 log(x)/log(base)的结果
log10(x)	返回 x 的以 10 为底的对数
log1p(x)	返回 x+1 的自然对数(基数为 e)的值
log2(x)	返回 x 的基 2 对数
modf(x)	返回由 x 的小数部分和整数部分组成的元组
pi	数字常量，圆周率
pow	返回 x 的 y 次幂
radians	角度转换成弧度
sin(x)	正弦函数
sqrt(x)	求 x 的平方根
tan(x)	正切函数
trunc(x)	取整

2. datetime 模块

datetime 模块是重新封装 time 模块而得，比 time 模块使用更加广泛。跟 math 模块不同的是，datetime 模块下有很多类(下一节知识点)。而类中有很多子方法(属性)，在调用这些子方法(属性)时都需带上类名且只支持在 shell 下运行，运行结果也会带上模块名及类名：

```
>>>import datetime
>>>datetime.date.today()
datetime.date(20XX, XX, XX)          # shell 中的执行结果
```

可用 from-import 语句将子方法提取出来独立使用，且支持在 idle 下运行。

```
from datetime import date
print(date.today())
20XX-XX-XX                           # IDLE 中的执行结果
>>>
```

datetime 模块定义了下面这几个类：

(1) datetime.date：表示日期的类。常用的属性有 year、month、day。

(2) datetime.time：表示时间的类。常用的属性有 hour、 minute、second、microsecond。

(3) datetime.datetime：表示日期时间。

(4) datetime.timedelta：表示时间间隔，即两个时间点之间的长度。

(5) datetime.tzinfo：与时区有关的相关信息。

各类下的属性及方法涉及面较广，读者们有需要可查阅 Python 手册获取相关信息。

3. random 模块

随机模块 random 用于提供各种随机数和随机算法。random 模块使用频率较高，后续课程中也会经常用到。执行 dir 可以看到 random 模块下的函数也是非常多的。这里介绍几个常用函数：

(1) random.random()：生成一个 0 到 1 的随机符点数，且 0≤n<1.0。

(2) random.uniform(m, n)：在 m～n 范围内生成一个随机数，有效位数可到小数点后 15 位。m 与 n 的数字类型和取值均无约束。

(3) random.randint(m, n)：在 m～n 范围内生成一个随机整数，m 与 n 须为数型且满足 n≥m。

(4) random.randrange(m, n, x)：在以 m 为下限，n 为上限，公差为 x 的等差数列中随机获取一个整数，因此，m、n、x 均须为整数。

(5) random.choice(x)：从序列中获取一个随机元素。

(6) random.shuffle(list)：将列表中的元素打乱。

(7) random.sample(x)：从指定序列中随机截取指定长度的片断。

下面对常用函数举例说明：

```
>>> import random                          #调用 random 模块
>>> print(random.uniform(2, 2.5))          #在 2～2.5 之间随机取数
2.296839195196657

>>> print(random.uniform(2.5, 2))          #在 2～2.5 之间随机取数，可看出上下限可交换
2.282610936801536

>>> print(random.randint(20, 20))          #在 20～20 之间随机取数，只有唯一取值
20

>>> print(random.randrange(10, 100, 2))   #在 10～100 之间随机取数，公差为 2，即取到的数为
10～100 之间的偶数。
60

>>> print(random.choice(range(10, 100, 2)))          #作用同上
14

>>> print(random.choice("Hello World") )             #在字符串中随机取一个字符
d
```

```
>>> list = [1, 2, 3, 4, 5, 6, 7, 8, 9, 10]
>>> print(random.sample(list, 5))          #从列表中随机取 5 个元素
[9, 5, 4, 7, 2]

>>> print(random.random())                 #生成一个 0 到 1 的随机浮点数
0.5006957052105789

>>> random.shuffle(list)                   #将列表中元素打乱
>>> print(list)
[8, 3, 6, 4, 2, 7, 5, 9, 1, 10]
```

随机模块的应用非常广泛，在一些常规函数中加入随机模块会变得更加有趣。

【例 2-5】 设计单机版石头剪刀布游戏，玩家与电脑对玩，电脑随机出拳。

分析 设 robot 代表电脑，player 代表玩家，用数字 123 分别对应出拳类别，利用数字间的计算结果比直接比对字符串更简答，根据游戏规则，充分利用数值间关系可编写代码：

```
1   import random
2   def game():
3       if robot==player:
4           return '平手'
5       elif(player-robot==1) or(robot-player==2):
6           return '电脑赢'
7       else:
8           return '你赢了'
9   while True:
10      robot = random.randint(1, 3)
11      player = int(input('请选择你的出拳，1 是剪刀，2 是石头，3 是布：'))
12      print(game())
```

运行结果：

```
请选择你的出拳，1 是剪刀，2 是石头，3 是布：1
电脑赢
请选择你的出拳，1 是剪刀，2 是石头，3 是布：
```

因为此代码是无限循环，所以不会出现等待输入符“>>>”。这个小游戏还可加入计分系统，但存在的 bug 是玩家看不到电脑出拳情况，可以添加语句予以展示但步骤繁杂，后续学习数据结构后可用简单方法解决。

【例 2-6】 设计 100 以内加法口算自动生成器，要求每行 5 个算式，共计 100 题，并留有答题空间。

分析 自动生成器意味着因数随机选取，每行 5 个算式则需要利用 for 循环。100 以内代表因数不能大于 100，但为保持格式不能做筛选，综合考虑可将得数超过 100 的算式做处理，编程如下：

```
1   import random
2   for k in range(int(20)):
3       for k in range(5):
4           i = random.uniform(1, 100)
5           j = random.uniform(1, 100)
6           if i+j>100:
7               print('%d+%d='%(i//2, j//2), end=' '*5)
8           else:
9               print('%d+%d='%(i, j), end=' '*5)
10      print('\n')
```

运行结果：

```
36+48=     45+20=     24+47=     24+25=     6+47=
42+21=     47+19=     20+56=     36+8=      53+26=
74+3=      22+32=     93+4=      49+47=     71+21=
…… (以下部分省略)
>>>
```

若为简化可将 i 和 j 取值范围限定在 50 以内，但这样一来损失了 50 以上的因子，不太合理。

随机模块还会在后续课程中频繁使用。

2.2.2 特殊函数

除了常规函数外，Python 还有一些特别的、有趣的函数。

1. Lambda 匿名函数

Lambda 是希腊字母表的第十一个字母，用 λ 表示，在 Python 中表示匿名函数。当不知给函数起什么名字好、不想起名字、想不到合适名字、就是不想起名字或想给程序增添神秘感的时候就可以使用 Lambda 函数了。是不是所有函数都能改为 Lambda 函数呢？先来看看 Lambda 函数的格式：

变量 = Lambda 参数 1，参数 2，……：表达式

首先使用 Lambda 函数时需要赋值给变量，因此 Lambda 函数必须有返回值；其次 Lambda 函数主体不是代码块而是表达式，只能封装有限的逻辑进去，因此，复杂函数是不能改为 Lambda 函数的，表达的语法也跟常规 Python 所有不同。例如，用 Lambda 的平方函数求 5^2 有如下两种方法：

```
1   a=(lambda x:x**2)(5)    #定义时直接赋值，运行结果 25
2   print(a)
3   a=lambda x:x**2         #调用时赋值，运行结果 25
4   print(a(5))
```

由此看出，Lambda 函数可在定义时直接赋值调用，也可以调用时再赋值。由于 Lambda

函数已经赋值给了变量 a，所以 a 就可以当做这个 Lambda 函数来使用了。

多参函数也是一样的：

```
1  a=lambda x, y: x if x> y else y
2  print(a(101, 102))                          #运行结果 102
3  a=(lambda x, y: x if x> y else y)(101, 102)  #运行结果 102
4  print(a)
```

可以看出，语句“x if x> y else y”的作用是比较两数求较大数，反之则可求较小数。

Lambda 通常也被用作高阶函数(higher-order function)的参数。什么是高阶函数？简单来说就是用函数来做参数的一种函数。例如，我们定义了一个做加法的函数：

```
def add (x, y):
return x+y
```

那么可用 a=add(5, 15)来调用并实例化函数 add，相当于把函数的运算结果赋值给了变量 a，但若直接将函数赋值给 a，a=add 则输出为空，因为 a 没有得到任何数据，但若继续执行 a(5, 15)，则函数又恢复了正确输出。这相当于函数 add 更名为了 a，而功能不变。这就说明函数本身也是变量，也是可以赋值的。那么我们定义这样一个函数：

```
Import math            #调用数学模块
def add (x, y, f):
    return f(x, 2)+f(y, 2)
```

当使用 add(3, 6, pow)调用函数时，3 将赋值给 x，6 赋值给 y，而 pow 赋值给 f，pow 是幂函数，exp 已经指定为 2，则其运算结果为分别计算 3 和 6 的平方后相加，结果应为 45。

现在我们将 Lambda 函数用作高阶函数的参数：

```
a =pow(((lambda x , y:x-y)(4, 9)), 2)
```

则运算过程为将 4−9 的结果取平方，得到 25。

相比传统函数，Lambda 函数代码更加精简也更容易理解，且占用内存小，运行效率高。因此 Lambda 函数常常被用作代码瘦身工具。

2. 事件处理函数

常见的程序处理方式有两种，第一种是时间顺序，简单来说就是让电脑每隔一段时间自动做一些事情。Python 默认的处理方式就是时间顺序，时间驱动的程序本质上就是每隔一段时间固定运行一次脚本。尽管脚本自身可以很长，且包含非常多的步骤，但是我们可以看出，这种程序的运行机制相对比较简单、容易理解，同时也存在缺点，例如浪费 CPU 的计算资源、实现异步逻辑复杂度高等等。

第二种是事件驱动处理方式：当某个新的事件被推送到程序中时，程序立即调用和这个事件相对应的处理函数来进行相关的操作。响应于某个事件而调用的函数即事件处理函数。生活中有很多事件是在某些特定条件满足时才会触发，例如提问会触发应答事件、下雨会触发打伞事件、下课时间到会触发下课铃响事件、浓烟会触发烟雾报警器鸣笛事件等等。

这类程序就是事件处理函数。例如，小明在家事件函数如图2-2所示。

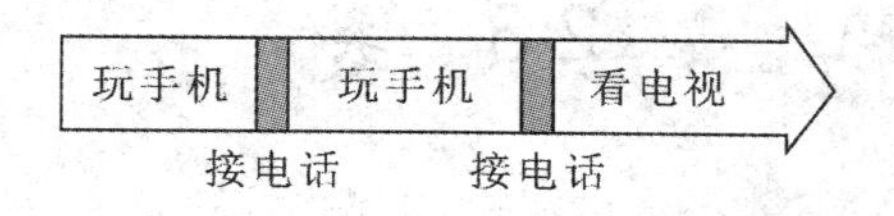

图2-2　小明在家事件函数

按日常经验来看，接电话的优先级高于看电视，来电话需要中断看电视后执行，当然也可以选择挂断电话，但无论如何都是需要对其进行处理的。接完电话后继续执行看电视，所以接电话可以作为事件处理函数。如何知道需要接电话了呢？自然是听到电话铃响，那么响铃就是接电话的启动条件。可用伪代码表示如下：

```
1  while True：
2      小明.玩手机()
3          if 电话铃响:
4              小明.接电话()
```

事件处理函数的定义与普通函数无异，关键是调用方式，常见的调用格式如下：

对象. on(函数名，"指令")

因此，事件处理函数的调用方法为“on”。例如微信添加了好友，当他发信息时，我们会收到提示，这时会去点击阅读。用伪代码来翻译这一事件就是：

```
1  #定义一个"回信息"事件函数
2  def write(event):
3  #运行"回答"函数
4      peopleA.write("something")
5  #用方法"on"监听好友消息，做出应答
6  peopleA.on("sent", write)
7  #指向"回信息"函数
8  peopleA.write()
```

在本例中，定义的write(event)是一事件函数，括号中的event不是参数，只是用于标志这是一个事件函数。

peopleA是write事件的对象，on()用于将事件处理函数绑定给某个对象，所以这里把write函数绑定给了peopleA，当接收到sent(对方发送信息)事件时，peopleA做出应答(write)。注意在运行时间函数时，括号留白不加参数，因为此时并非真正调用函数，而是指向该函数。

事件驱动主要包含事件源、事件监听器、事件对象三类元素和监听动作、发送事件、调用监听器响应函数三种函数。

事件处理函数在强交互的程序中使用较为广泛，监听内容多为鼠标键盘按键，因此事件处理函数通常也被称作对外部事件的响应，本书第四章、第五章都会频繁使用事件处理函数。

2.3　类

2.3.1　面向对象编程

在编程领域中有两种常见的中心思想，一种叫作面向过程(Procedure Oriented，PO)，以事件发生的先后过程为主线。另一种叫作面向对象(Object Oriented，OO)，以事物为中心。中国历史上非常著名的三部史书《资治通鉴》《战国策》和《史记》想必大家都不陌生，它们分别是编年体、国别体和纪传体的代表作。所谓编年体，是以年代为线索编排历史事件，好比面向过程，而国别体与纪传体一个以国度为单位，一个以人物为核心分别记录发生于其身上的历史事件，好比面向对象。

C 语言是一种典型的面向过程的程序语言，它把解决问题所需的步骤进行分解，逐一封装成函数，再按顺序依次调用，完成任务。

C++、C#、Java、Delphi 以及 Python 都应用了面向对象的思想，它们把解决问题的方法进行归类，也封装成函数，在解决具体问题时，对需求进行分析，从而调用对应类别中的方法。

举个例子，非周末的一天，从起床开始依次发生了这些事情：晨跑、吃早餐、上课、上自习、吃午餐、打游戏、去图书馆、打篮球、吃晚餐、追剧。按照面向过程的编程思想，则需要把这 10 个步骤分别定义为 10 个函数，再按顺序调用。假如第二天的顺序发生变化，则需予以调整，若有新内容产生(例如看电影)，则需添加新的函数。而若换成面向对象的编程思想，则可以将 10 个步骤归类，分为锻炼(晨跑、打篮球)、用餐(吃早餐、吃午餐、吃晚餐)、学习(上课、上自习、去图书馆)和娱乐(打游戏、追剧)，执行过程中，从相关类别中调取对应函数即可，修改也是一样。由此看来，面向对象编程的一大特色就是归类了。

2.3.2　类的定义

归类简称类(Class)，是用来描述具有相同属性和方法的对象集合。在 Python 中，函数是类的一个方法，例如前面的举例，锻炼、用餐、学习和娱乐都是类，而晨跑、吃早餐、上课和打游戏等则是这些类的方法。值得注意的是，有的方法是通用的，像晨跑、吃早餐、打游戏，而有的方法不是通用的，例如上课只有学生群体才会用到。因此，我们在自定义一些特殊函数时，也需要定义使用这些函数的类，以便调用。

2.3.3　类的构成及使用

类由 3 个部分构成：类的名称(类名)、类的属性(指对象的特征，通常为一组数据)和类的方法(允许对象进行操作的方法)。Python 3.x 中取消了经典类，默认都是新式类，而新式类的语法格式如下：

```
class 类名(object):
```

类对象支持两种操作：属性引用和实例化。属性引用的语法格式为：

```
obj.属性
```

类实例化的语法格式为：

obj = 类名()

类中方法的调用语法格式为：

obj.方法名()

下面举例说明。

【例 2-7】 定义一个类，用于展示正多边形的内角，如输出“正 4 边形的内角为 90 度”。

分析 参考代码如下：

```
1   #定义一个类 polygons (多边形)
2   class polygons(object):
3   #定义一个函数 angel()，self 是对象，可用来调用类的方法，这里可理解为形参。
4       def angel(self):
5   #类调用的方法为参数，与其他字符串连接。
6           print("正", self.type, "边形的内角为", self.degree, "度")
7   #类 polygons (多边形)实例化一个对象 quadrilateral (四边形)
8   quadrilateral = polygons()
9   #为对象添加属性
10  quadrilateral.type = 4
11  quadrilateral.degree = 90
12  #调用类中的 angel()方法
13  quadrilateral.angel()
```

运行结果为：

```
正 4 边形的内角为 90 度
>>>
```

修改对象属性参数可以输出任意正多边形内角度数。不过当边数为 3 时，由于习惯都说三角形而非三边形，输出就显得不太合适了。所以在使用批处理以求简化代码时，也需要考虑特殊情况，细节取胜。

【例 2-8】 修改上述代码，输出每日三餐的餐食供应公告，例如“今日早餐供应豆浆、油条、茶叶蛋。”

分析 根据题意可将每日供应定义为类 surport，三餐时间和食物作为类的属性，输出内容定义为函数，其中，可以把属性作为可输入内容，参考代码如下：

```
1   #定义一个类 surport()
2   class surport():
3   #定义一个函数 eat(self), self 是对象，可用来调用类的方法，这里可理解为形参。
4       def eat(self):
5   #类调用的方法为参数，与其他字符串连接。
6           print("今日"+self.time+"供应"+ self.kind+'。')
7   #类 surport()实例化一个对象 sameDay, 类似将类 food()赋值给 sameone
8   sameDay = surport()
```

```
9	#为对象添加属性
10	sameDay.time = input('三餐时间：')
11	sameDay.kind = input('供应内容：')
12	#调用类中的 eat()方法
13	sameDay.eat()
```

运行结果为：

```
三餐时间:早餐
供应内容:豆浆、油条、茶叶蛋
今日早餐供应豆浆、油条、茶叶蛋。
>>>
```

2.3.4 格式化字符

在上题中，我们发现用“，”或“+”来连接多个参数和分段字符串显得比较麻烦，源于两者格式不同。采用格式化字符则可方便许多，在 python 中常用的格式化字符如表 2-3 所示。

表 2-3　常用格式化字符

字符	说　明
%%	百分号标记，就是输出一个%
%c	字符及其 ASCII 码
%s	字符串
%d	有符号整数(十进制)
%u	无符号整数(十进制)
%o	无符号整数(八进制)
%x	无符号整数(十六进制)
%X	无符号整数(十六进制大写字符)
%e	浮点数字(科学计数法)
%E	浮点数字(科学计数法，用 E 代替 e)
%f	浮点数字(用小数点符号)
%g	浮点数字(根据值的大小采用%e 或%f)
%G	浮点数字(类似于%g)
%p	指针(用十六进制打印值的内存地址)
%n	存储输出字符的数量放进参数列表的下一个变量中

利用%s 则可将例 2-7 中的第 6 行代码改为：

```
print("正%s 边形的内角为%s 度"%(self.type, self.degree))
```

将例 2-8 中的第 6 行代码改为：

```
print("今日%s 供应%s"%(we.time, we.kind))
```

从上例可以看出，采用格式化字符将字符串和属性分开，在字符串中需要插入变量的位置使用了格式化字符%s，将所有属性按顺序放入后方括号中，用逗号隔开，并用%与字符串部分连接。因此输出需要拼接不同类型的数据时，使用格式化字符非常方便。

2.3.5 魔法方法

在 python 中还有种方法，其前后都是“_”，例如“__init__”，这样的方法可以给类增加魔力，我们称之为魔法方法。如果你的对象实现(重载)了这些方法中的某一个，那么这个方法就会在特殊的情况下被 Python 所调用，你可以定义自己想要的行为，并且可以自动调用。下面先了解一下常用的魔法方法，如表 2-4 所示。

表 2-4 常用魔法方法

魔法方法	含 义
基本的魔法方法	
__new__(cls[, ...])	1. __new__ 是在一个对象实例化的时候所调用的第一个方法
	2. 它的第一个参数是这个类，其他的参数是用来直接传递给 __init__ 方法
	3. __new__ 决定是否要使用该 __init__ 方法，因为 __new__ 可以调用其他类的构造方法或者直接返回别的实例对象来作为本类的实例，如果 __new__ 没有返回实例对象，则 __init__ 不会被调用
	4. __new__ 主要是用于继承一个不可变的类型比如一个 tuple 或者 string
__init__(self[, ...])	构造器，当一个实例被创建的时候调用的初始化方法
__del__(self)	析构器，当一个实例被销毁的时候调用的方法
__call__(self[, args...])	允许一个类的实例像函数一样被调用：x(a, b)调用 x.__call__(a, b)
__len__(self)	定义当被 len()调用时的行为
__repr__(self)	定义当被 repr()调用时的行为
__str__(self)	定义当被 str() 调用时的行为
__bytes__(self)	定义当被 bytes()调用时的行为
__hash__(self)	定义当被 hash()调用时的行为
__bool__(self)	定义当被 bool()调用时的行为，应该返回 True 或 False
__format__(self, format_spec)	定义当被 format()调用时的行为
有 关 属 性	
__getattr__(self, name)	定义当用户试图获取一个不存在的属性时的行为
__getattribute__(self, name)	定义当该类的属性被访问时的行为
__setattr__(self, name, value)	定义当一个属性被设置时的行为
__delattr__(self, name)	定义当一个属性被删除时的行为
__dir__(self)	定义当 dir() 被调用时的行为
__get__(self, instance, owner)	定义当描述符的值被取得时的行为
__set__(self, instance, value)	定义当描述符的值被改变时的行为
__delete__(self, instance)	定义当描述符的值被删除时的行为

续表一

<table>
<tr><th>魔法方法</th><th>含　义</th></tr>
<tr><td colspan="2">比 较 操 作 符</td></tr>
<tr><td>__lt__(self, other)</td><td>定义小于号的行为：x < y 调用 x.__lt__(y)</td></tr>
<tr><td>__le__(self, other)</td><td>定义小于等于号的行为：x <= y 调用 x.__le__(y)</td></tr>
<tr><td>__eq__(self, other)</td><td>定义等于号的行为：x == y 调用 x.__eq__(y)</td></tr>
<tr><td>__ne__(self, other)</td><td>定义不等号的行为：x != y 调用 x.__ne__(y)</td></tr>
<tr><td>__gt__(self, other)</td><td>定义大于号的行为：x > y 调用 x.__gt__(y)</td></tr>
<tr><td>__ge__(self, other)</td><td>定义大于等于号的行为：x >= y 调用 x.__ge__(y)</td></tr>
<tr><td colspan="2">算 数 运 算 符</td></tr>
<tr><td>__add__(self, other)</td><td>定义加法的行为：+</td></tr>
<tr><td>__sub__(self, other)</td><td>定义减法的行为：-</td></tr>
<tr><td>__mul__(self, other)</td><td>定义乘法的行为：*</td></tr>
<tr><td>__truediv__(self, other)</td><td>定义真除法的行为：/</td></tr>
<tr><td>__floordiv__(self, other)</td><td>定义整数除法的行为：//</td></tr>
<tr><td>__mod__(self, other)</td><td>定义取模算法的行为：%</td></tr>
<tr><td>__divmod__(self, other)</td><td>定义当被 divmod() 调用时的行为</td></tr>
<tr><td>__pow__(self, other[, modulo])</td><td>定义当被 power() 调用或 ** 运算时的行为</td></tr>
<tr><td>__lshift__(self, other)</td><td>定义按位左移位的行为：<<</td></tr>
<tr><td>__rshift__(self, other)</td><td>定义按位右移位的行为：>></td></tr>
<tr><td>__and__(self, other)</td><td>定义按位与操作的行为：&</td></tr>
<tr><td>__xor__(self, other)</td><td>定义按位异或操作的行为：^</td></tr>
<tr><td>__or__(self, other)</td><td>定义按位或操作的行为：|</td></tr>
<tr><td colspan="2">反运算</td></tr>
<tr><td>__radd__(self, other)</td><td rowspan="12">当左操作数不支持相应的操作时被调用。
例如 a+b，如果 a 有 _add_ 方法，而且返回值不是 NotImplemented，调用 a._add_(b)， 然后返回结果。
如果 a 没有_add_方法， 或者调用_add_方法返回 NotImplemented，检查 b 有没有_radd_方法，如果有，而且没有返回 NotImplemented，调用 b._radd_(a)，然后返回结果。
如果 b 没有_radd_方法，或者调用_radd_方法返回 NotImplemented，抛出 TypeError， 并在错误消息中指明操作数类型不支持。</td></tr>
<tr><td>__rsub__(self, other)</td></tr>
<tr><td>__rmul__(self, other)</td></tr>
<tr><td>__rtruediv__(self, other)</td></tr>
<tr><td>__rfloordiv__(self, other)</td></tr>
<tr><td>__rmod__(self, other)</td></tr>
<tr><td>__rdivmod__(self, other)</td></tr>
<tr><td>__rpow__(self, other)</td></tr>
<tr><td>__rlshift__(self, other)</td></tr>
<tr><td>__rrshift__(self, other)</td></tr>
<tr><td>__rxor__(self, other)</td></tr>
<tr><td>__ror__(self, other)</td></tr>
</table>

续表二

魔法方法	含 义
增量赋值运算	
__iadd__(self, other)	定义赋值加法的行为：+=
__isub__(self, other)	定义赋值减法的行为：-=
__imul__(self, other)	定义赋值乘法的行为：*=
__itruediv__(self, other)	定义赋值真除法的行为：/=
__ifloordiv__(self, other)	定义赋值整数除法的行为：//=
__imod__(self, other)	定义赋值取模算法的行为：%=
__ipow__(self, other[, modulo])	定义赋值幂运算的行为：**=
__ilshift__(self, other)	定义赋值按位左移位的行为：<<=
__irshift__(self, other)	定义赋值按位右移位的行为：>>=
__iand__(self, other)	定义赋值按位与操作的行为：&=
__ixor__(self, other)	定义赋值按位异或操作的行为：^=
__ior__(self, other)	定义赋值按位或操作的行为：|=
一 元 操 作 符	
__neg__(self)	定义正号的行为：+x
__pos__(self)	定义负号的行为：-x
__abs__(self)	定义当被 abs() 调用时的行为
__invert__(self)	定义按位求反的行为：~x
类 型 转 换	
__complex__(self)	定义当被 complex() 调用时的行为(需要返回恰当的值)
__int__(self)	定义当被 int() 调用时的行为(需要返回恰当的值)
__float__(self)	定义当被 float() 调用时的行为(需要返回恰当的值)
__round__(self[, n])	定义当被 round() 调用时的行为(需要返回恰当的值)
__index__(self)	1. 当对象是被应用在切片表达式中时，实现整形强制转换
	2. 如果你定义了一个可能在切片时用到的定制的数值型，你应该定义 __index__
	3. 如果 __index__ 被定义，则 __int__ 也需要被定义，且返回相同的值
上下文管理(with 语句)	
__enter__(self)	1. 定义当使用 with 语句时的初始化行为
	2. __enter__ 的返回值被 with 语句的目标或者 as 后的名字绑定
__exit__(self, exc_type, exc_value, traceback)	1. 定义当一个代码块被执行或者终止后上下文管理器应该做什么
	2. 一般被用来处理异常，清除工作或者做一些代码块执行完毕之后的日常工作

续表三

魔法方法	含　义
容 器 类 型	
__len__(self)	定义当被 len() 调用时的行为(返回容器中元素的个数)
__getitem__(self, key)	定义获取容器中指定元素的行为，相当于 self[key]
__setitem__(self, key, value)	定义设置容器中指定元素的行为，相当于 self[key] = value
__delitem__(self, key)	定义删除容器中指定元素的行为，相当于 del self[key]
__iter__(self)	定义当迭代容器中的元素的行为
__reversed__(self)	定义当被 reversed() 调用时的行为
__contains__(self, item)	定义当使用成员测试运算符(in 或 not in)时的行为

【例 2-9】 使用合适的魔法方法改写例 2-7。

分析 根据题意，选择魔法方法为__init__(构造器)，代码如下：

```
1   #定义一个类 polygons(多边形)
2   class polygons(object):
3   #定义构造方法
4       def __init__(self, t, d):
5   #设置属性
6           self.type = t
7           self.degree = d
8   #定义普通方法
9       def angel(self):
10          print("正%s 边形的内角为%s 度"% (self.type, self.degree))
11  #类 polygons (多边形)实例化一个对象 quadrilateral (四边形)
12  quadrilateral = polygons(4, 90)
13  #调用类中的 write()方法
14  quadrilateral.angel ()
```

运行结果为：

```
正 4 边形的内角为 90 度
>>>
```

不难看出，使用魔法方法__init__对类初始化后，在类的实例化操作后会自动调用，提高了运行效率。

【例 2-10】 对比分析下面两段程序的输出结果，看看是否一样，并验证。

程序一

```
1   class Student(object):
2     def __init__(self, name, age, number):
3       self.name = name
```

```
4      self.age = age
5      self.number = number
6  a = Student('Hui，Xu', 18, '05118888')
7  print ('Name:', a.name)
8  print ('Age:', a.age)
9  print ('number:', a.number)
```

程序二

```
1  class Student(object):
2    def __init__(self, name, age):
3      self.name = name
4      self.age = age
5  a = Student('Hui，Xu', 18)
6  print ('Name:', a.name)
7  print ('Age:', a.age)
8  a.number = '05118888'
9  print ('number:', a.number)
```

两段程序输出结果一样，都为：

```
Name: Hui，Xu
Age: 18
number: 05118888
```

上述两个程序的不同在于，程序一中 Student 的 number 为固定属性，使用时不能视而不见，而程序二中 Student 的 number 为动态属性，可有可无。动态添加、修改或删除属性和方法是 Python 的一大亮点，使用起来更加灵活方便，例如，当我们需要修改年龄并想隐藏学号时，可将程序一做出如下修改：

```
1  class Student(object):
2    def __init__(self, name, age, number):
3      self.name = name
4      self.age = age
5      self.number = number
6  a = Student('Hui，Xu', 18, '05118888')
7  del a.number
8  a.age = 16
9  print ('Name: ', a.name)
10 print ('Age: ', a.age)
```

运行结果变为：

```
Name: Hui，Xu
Age: 16
```

另外，我们在上例中看到，18 和 05118888 都为数字，为何后者需要加上‘’呢？原因在于 05118888 首位为 0，则默认为字符串处理。

2.4 文　件

函数是功能语句的集合，而计算机中的文件是指存储信息的集合。Python 也提供了文件的相关操作方法。

2.4.1 常用操作

文件通常以二进制或文本形式存储，并以文件名命名。常见的操作方式有新建、打开、关闭、写入、读出、复制和删除等。要访问文件，首先需打开文件，Python 所使用的方法为 open，包含的参数有：

```
open(filename, mode, buffering)
```

其中 filename 为函数名，若文件不在本地时，还需加上文件的存储地址，buffering 是缓冲值参数，默认值为-1，0 代表不缓冲，1 或大于 1 的值表示缓冲一行或指定缓冲区大小。mode 是打开方式，默认值为只读“r”，文件的打开方式多样，常见的如表 2-5 所示。

表 2-5　文件的常见打开方式

模式	操作描述	若文件不存在	是否覆盖
r	只能读	报错	—
r+	可读可写	报错	是
w	只能写	创建	是
w+	可读可写	创建	是
a	只能写	创建	否，追加写
a+	可读可写	创建	否，追加写

对于可读写文件常用的操作方法如表 2-6 所示。

表 2-6　文件的常用操作方法

方　法	描　述
read(size)	直接读取字节到字符串中，最多读取给定数目的字节数。 如果没有给定 size 参数(默认值为-1)或者 size 值为负，文件将被读取直至末尾
readline(size)	读取打开文件的一行，size 默认值为-1，代表读至行结束符，若指定了 size 值则在超过 size 个字节后会返回不完整的行
readlines(sizhint)	读取数行。sizhint 代表返回的最大字节大小
write()	将字符串写入到文件中
seek()	在文件中移动文件指针(光标)到不同的位置
truncate(size)	截取文件内容，size 为字符数，若指定则截取全文

打开文件进行相应操作后还需关闭文件，同时也能起到报错文件的作用，关闭文件使用方法 close()。

2.4.2　使用举例

Windows 下的 txt 文件一般以字符串方式存储，doc 文件一般以二进制形式存储，以 txt 文件为实例来演示文件的相关操作。

【例 2-11】 提取圆周率 π 的小数点后 3000 位放入文本文件，设计程序用户输入生日日期，检索是否有匹配字段并输出结果。

分析　检索字符串首先需打开文档，因不需要做任何修改所以用任意方式打开均可，判断是否有匹配项使用 if…in 语句：

```
1  fp = open('pi.txt')
2  pi = fp.read()
3  while True:
4      birthday=input('你的生日(用数字表示)：')
5      if birthday in pi:
6          print('太棒了，圆周率中有你的生日密码呢')
7      else:
8          print('很遗憾没有找到')
```

运行结果为：

```
你的生日(用数字表示):0511
太棒了，圆周率中有你的生日密码呢
你的生日(用数字表示):0811
很遗憾没有找到
你的生日(用数字表示):
```

【例 2-12】 创建一个本地文本文件“注册信息”，随意录入若干人名，示例如图 2-3 所示。

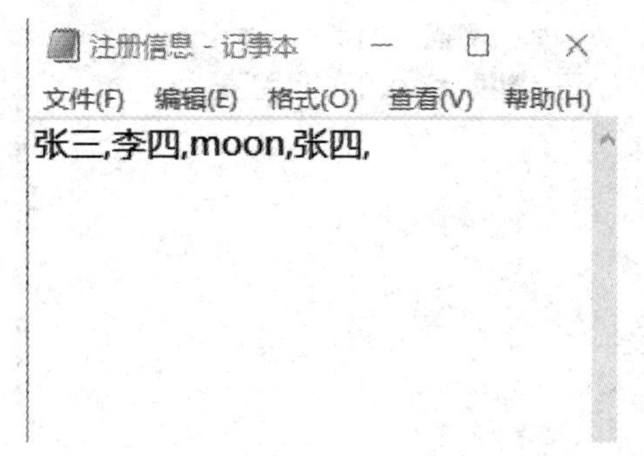

图 2-3　注册信息

编写程序实现输入用户名后从文件“注册信息”中检索，若用户名存在则输入“已注册，可直接登录”，反之输出“未注册，需要注册吗？(1 是 2 否)：”，选择是则将用户名写入文件并反馈注册成功，选择否则不做任何操作并退出程序。

分析　从题意来看，操作步骤为打开文件→查找字符串→反馈输出，由于添加字符串涉及修改文件，所以需用读写方式打开文件，可编程如下：

```
1   while True:
2       fp=open('注册信息.txt')
3       a = fp.read()
4       name=input('你的账号：')
5       if name+', ' in a:#判断字符串是否存在于文档中
6           print('已注册，可直接登录')
7       else:
8           fp=open('注册信息.txt', "a")
9           new=int(input('未注册，需要注册吗？(1 是 2 否)：'))
10          if new==1:
11              fp.write(name+', ')
12              fp.close()
13              print('恭喜你注册成功')
14          else:
```

运行实例结果如下：

```
你的账号:红花
未注册，需要注册吗？(1 是 2 否):1
恭喜你注册成功
你的账号:红花
已注册，可直接登录
你的账号:
```

当第一次输入“红花”时，反馈结果为未注册，选择注册后再次输入“红花”，则程序反馈已注册，这时打开文件“注册信息”可看到“红花”已在其中了，如图 2-4 所示。

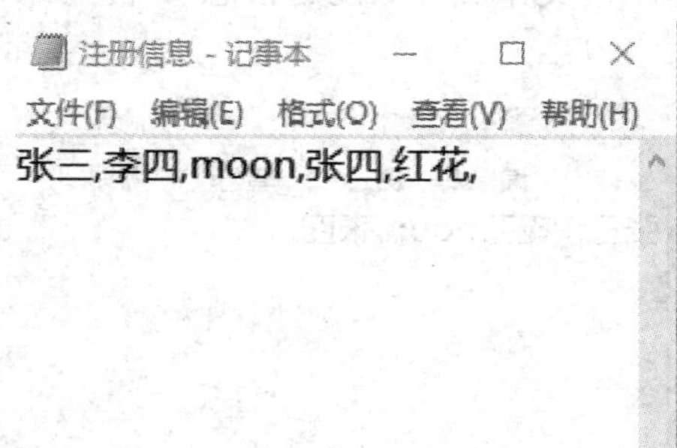

图 2-4　添加注册账号

在本题中，需要注意的是对文件执行完操作后需关闭文件，尤其是对文件内容做出修改后，否则文件始终处于打开状态，修改内容也不会被保存。

Python 除了能访问本机文件，还有许多优秀的工具可以获取互联网中的各种数据，这

就是所谓的爬虫。Python 本身是比较擅长数据采集、挖掘等相关操作的，其标准库 urllib.request 就提供了较丰富的工具，除此以外，它还拥有诸如 pandas、Numpy、Keras 等多种著名的专业工具。当然这属于新的领域，与文件非同类，这里以一个小程序作为简单示例：

```
1  import urllib.request
2  file=urllib.request.urlopen('http://www.baidu.com')
3  data=file.read()      #读取全部
4  fhandle=open("./baidu.html", "wb")      #将爬取的网页保存在本地
5  fhandle.write(data)
6  fhandle.close()
7
```

运行效果为爬取到 baidu 首页的所有内容并保持在本地，保存类型为 html 文件，如图 2-5 所示。

图 2-5　保持文件图标

打开后看到的内容如图 2-6 所示。

图 2-6　文件打开界面

习　题　二

2.1　简述参数的种类有哪些？使用规则是什么？

2.2　定义一个函数，取不同参数调用，实现分别输出 100 以内的被 3 和被 5 整除的数。

2.3　设计模拟饮料机工作的函数并调用，品类：咖啡、茶；规格：大杯、小杯、中杯；若选择咖啡需询问是否加冰，最后输出“正在制作*****”。要求使用到位置参数、关键字参数、默认参数。参考输出结果如下：

```
你要的饮料类型(咖啡/茶):咖啡
你要的饮料规格(大杯/中杯/小杯):大杯
需要加冰吗？(加冰/常温):加冰
正在制作加冰大杯咖啡
你要的饮料类型(咖啡/茶):茶
你要的饮料规格(大杯/中杯/小杯):大杯
正在制作大杯茶
>>>
```

2.4　用定义类的方式重新编程完成题 2.2。

2.5　用匿名函数编写程序判别闰年与平年。

2.6　利用勾股定理编写程序，在已知直角三角形两直角边长的条件下，求三角形面积与周长。

2.7　利用函数返回值 return 定义函数，改写例 2-6，分别实现 100 以内和 200 以内的口算生成器。

2.8　设计程序模拟超市盘存，创建“库存商品”文件，输入商品名检索，若有则选择删除或保留，若无则选择添加或不做修改。

第三章　数据结构与算法基础

数据结构是计算机存储、组织数据的方式，而数据是信息的表现形式和载体，可以是符号、文字、数字、语音、图像和视频等。在 Python 语言中，数据结构主要有序列、映射、集合等，数据结构的存储机制有栈(Stack)——先进后出、队列(Queue)——先进先出、双端队列(Deque)、链表(LinkedList)等。

数据结构按照其逻辑可分为线性结构、树结构和图结构，如图 3-1 所示。

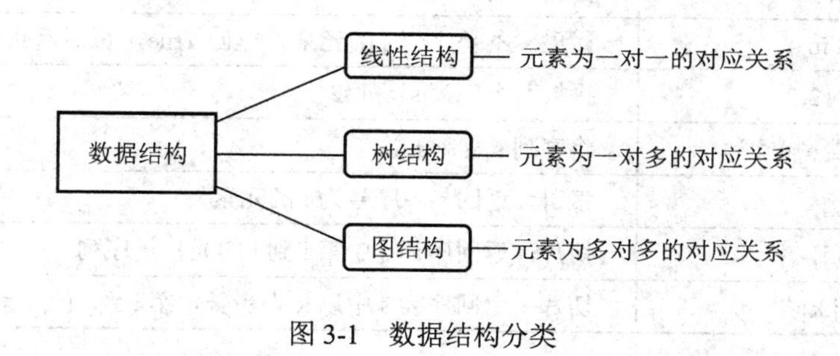

图 3-1　数据结构分类

3.1　序　　列

序列(Sequence)是最基本也是最重要的数据结构，顾名思义为顺序排列，因此序列中的每个元素都有固定编号。

3.1.1　序列通用操作

1. 访问

序列类型对象一般由多个成员组成，每个成员通常称为元素，每个元素都可以通过索引(Index)进行访问。索引用方括号“[]”表示，如 sequence[index]表示可访问序列中的某个元素。

2. 标准类型运算

标准类型运算主要包括值比较(两序列中元素的比较)、对象身份比较(序列整体比较)和布尔运算，如图 3-2 所示。

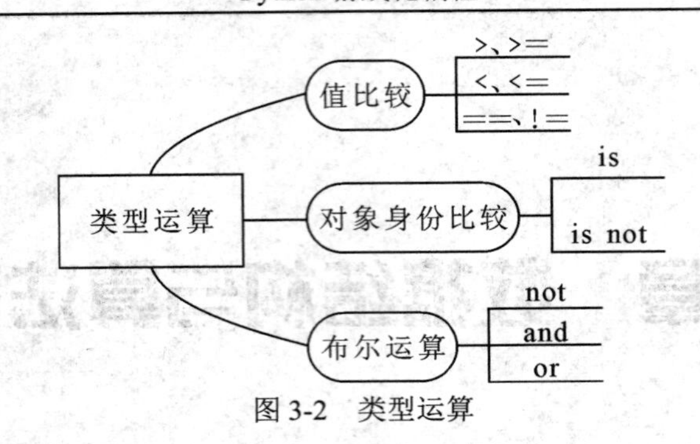

图 3-2　类型运算

3. 通用类型操作

序列通用类型操作是序列内部操作，有简单的操作符运算和内嵌函数操作，常用的类型如表 3-1 和表 3-2 所示。

表 3-1　操作符及应用

操作符及应用	描　　述
x in s	如果 x 是序列 s 的元素，返回 True，否则返回 False
x not in s	如果 x 不是序列 s 的元素，返回 True，否则返回 False
s1+s2	拼接两个序列 s1 和 s2
s*n 或 n*s	将序列 s 复制 n 次
s[i]	索引，返回 s 中序号为 i 的元素
s[i:j]	切片，返回序列 s 中第 i 到 j 的元素子序列
s[i:j:k]	切片，返回序列 s 中以 k 为步长，第 i 到 j 的元素子序列

表 3-2　函数和方法

函数和方法	描　　述
len(s)	返回序列 s 的长度
min(s)	返回序列 s 的最小元素
max(s)	返回序列 s 的最大元素
s.index(x)	返回序列 s 中第一次出现元素 x 的位置
s.index(x, i, j)	返回序列 s 从位置 i 开始到 j 中第一次出现元素 x 的位置
s.count(x)	返回序列 s 中出现元素 x 的次数

3.1.2　常用类型

Python 中有六种常见的序列，分别是列表、元组、字符串、Unicode 字符串、Buffer 对象和 Xrange 对象，常用的有列表、元组和字符串。

1. 列表(List)

列表是数字、变量和字符串的集合，其形式为：

列表名=[元素 1，元素 2，元素 3，…，元素 n]

列表的主要标志是中括号“[]”。下面对常用的列表方法和函数举例说明：

```
>>> list1=[1, 3, 5, 9, 2, 4, 7, 1]
>>> list2=[2, 3, 6, 9, 8, 4, 0, 1]
>>> a=list1.count(1)          #统计元素 1 在列表中出现的次数
>>> print(a)
2

>>> list1.append(0)           #在列表末尾添加新的对象 0
>>> print(list1)
[1, 3, 5, 9, 2, 4, 7, 1, 0]

>>> list1.sort()              #按升序排序
>>> print(list1)
[0, 1, 1, 2, 3, 4, 5, 7, 9]

>>> list1.remove(1)           #移除值为 1 的第一个元素
>>> print(list1)
[0, 1, 2, 3, 4, 5, 7, 9]

>>> list1.reverse()           #将所有元素反向
>>> print(list1)
[9, 7, 5, 4, 3, 2, 1, 0]

>>> list1.pop(list1[3])       #移除列表中的一个元素
>>> print(list1)
[9, 7, 5, 4, 2, 1, 0]

>>> list1.insert(1, 99)       #将元素 99 插入列表，插入地址为 1
>>> print(list1)
[9, 99, 7, 5, 4, 2, 1, 0]

>>> a=list1.index(5)          #从列表中找出元素 5 的索引位置，若有多个重复对象则找出第一个
>>> print(a)
3

>>> list1.extend(list2)       #在列表末尾一次性追加另一个列表 list2 中的所有值
>>> print(list1)
[9, 99, 7, 5, 4, 2, 1, 0, 2, 3, 6, 9, 8, 4, 0, 1]

>>> print(len(list1))         #统计列表元素个数
8
>>> print(max(list1))         #返回列表元素最大值
9
```

```
>>> print(min(list1))                    #返回列表元素最小值
1
>>> a=list1.index(5, 1, 3)               #返回列表从位置 1 开始到 3 中第一次出现 5 的位置
>>> print(a)
2

>>> a= 7 in list1                        #判断 7 是否为列表中的元素
>>> print(a)
True

>>> a= 7 not in list1                    #判断 7 是否为列表中的元素
>>> print(a)
False

>>> a=list1+list2                        #拼接两个列表
>>> print(a)
[1, 3, 5, 9, 2, 4, 7, 1, 2, 3, 6, 9, 8, 4, 0, 1]

>>> a=list1*3                            #将列表重复 3 次
>>> print(a)
[1, 3, 5, 9, 2, 4, 7, 1, 1, 3, 5, 9, 2, 4, 7, 1, 1, 3, 5, 9, 2, 4, 7, 1]

>>> a=3*list2                            #将列表重复 3 次
>>> print(a)
[2, 3, 6, 9, 8, 4, 0, 1, 2, 3, 6, 9, 8, 4, 0, 1, 2, 3, 6, 9, 8, 4, 0, 1]

>>> a=list1[1]                           #索引，返回列表中序号为 1 的元素
>>> print(a)
3

>>> a=list1[1:7]                         #切片，返回列表 s 中第 1 到第 7 的元素子序列
>>> print(a)
[3, 5, 9, 2, 4, 7]

>>> a=list1[1:7:2]                       #切片，返回列表 s 中以 2 为步长，第 1 到第 7 的元素子序列
>>> print(a)
[3, 9, 4]
>>>
```

2. 元组(Tuple)

Python 中的元组与列表类似，不同之处在于元组的元素不能修改。元组使用方括号而列表使用小括号，也可省略不用括号。创建元组很简单，只需要在括号中添加元素，并使用逗号隔开即可。其形式为：

元组名= (元素 1，元素 2，元素 3，…，元素 n)

或　元组名= 元素 1，元素 2，元素 3，…，元素 n

下面对常用的元组方法和函数举例说明：

```
>>> tup1=(1, 3, 5, 9, 2, 4, 7, 1)
>>> list1=[2, 3, 6, 9, 8, 4, 0, 1]
>>> print(len(tup1))                #元组元素个数
8

>>> print(max(tup1))                #返回元组元素最大值
9

>>> print(min(tup1))                #返回元组元素最小值
1

>>> tup2=tuple(list1)               #将元组转换为元组
>>> print(tup2)
(2, 3, 6, 9, 8, 4, 0, 1)

>>> a=tup1.count(1)                 #统计元素 1 在元组中出现的次数
>>> print(a)
2

>>> a=tup1.index(5)            #从元组中找出元素 5 的索引位置，若有多个重复对象则找出第一个
>>> print(a)
2

>>> a=tup1.index(5, 1, 3)      #返回元组从位置 1 开始到 3 中第一次出现元素 5 的位置
>>> print(a)
2

>>> a= 7 in tup1               #判断 7 是否为元组中的元素
>>> print(a)
True

>>> a= 7 not in tup1                #判断 7 是否为元组中的元素
>>> print(a)
False

>>> a=tup1+tup2                     #拼接两个元组
>>> print(a)
(1, 3, 5, 9, 2, 4, 7, 1, 2, 3, 6, 9, 8, 4, 0, 1)

>>> a=tup1*3                        #将元组重复 3 次
>>> print(a)
```

```
(1, 3, 5, 9, 2, 4, 7, 1, 1, 3, 5, 9, 2, 4, 7, 1, 1, 3, 5, 9, 2, 4, 7, 1)

>>> a=3*tup2                    #将元组重复 3 次
>>> print(a)
(2, 3, 6, 9, 8, 4, 0, 1, 2, 3, 6, 9, 8, 4, 0, 1, 2, 3, 6, 9, 8, 4, 0, 1)

>>> a=tup1[1]                   #索引，返回元组中序号为 1 的元素
>>> print(a)
3

>>> a=tup1[1:7]                 #切片，返回元组 s 中第 1 到 7 的元素子序列
>>> print(a)
(3, 5, 9, 2, 4, 7)
>>> a=tup1[1:7:2]               #切片，返回元组 s 中以 2 为步长，第 1 到 7 的元素子序列
>>> print(a)
(3, 9, 4)
```

其余适用于元组的涉及修改元素的方法均无法用于元组。例如，运行 tup1.remove(1) 会收到错误提示“AttributeError: 'tuple' object has no attribute 'remove'”，元组类型没有'remove'属性。其他的修改操作元组都不支持，运行时均会收到相同提示。元组的操作方式称为只读操作，即只能查看，不能修改。相反，列表的操作方式为读写均可。因此，对一些需要受保护的数据，我们可以采用元组来记录。

3. 字符串(String)

字符串是 Python 中最常用的数据类型。我们可以使用引号('或")来创建字符串。创建字符串很简单，只要为变量分配一个值即可。

1) 常用方法举例

字符串的操作方法与元组基本通用，下面来看看具体例子：

```
>>> str1='1, 3, 5, 9, 2, 4, 7, 1'
>>> str2='2, 3, 6, 9, 8, 4, 0, 1'
>>> print(len(str1))            #字符串元素个数
15

>>> print(max(str1))            #返回字符串元素最大值
9

>>> print(min(str1))            #返回字符串元素最小值
,

>>> a=str1.count('1')           #统计元素 1 在字符串中出现的次数
>>> print(a)
2
```

```
>>> a=str1.index('5')   #从字符串中找出元素 5 的索引位置，若有多个重复对象则找出第一个
>>> print(a)
4

>>> a= '7'in str1                #判断 7 是否为字符串中的元素
>>> print(a)
True

>>> a= '7' not in str1           #判断 7 是否为字符串中的元素
>>> print(a)
False

>>> a=str1+str2                  #拼接两个字符串
>>> print(a)
1, 3, 5, 9, 2, 4, 7, 12, 3, 6, 9, 8, 4, 0, 1

>>> a=str1*3                     #将字符串重复 3 次
>>> print(a)
1, 3, 5, 9, 2, 4, 7, 11, 3, 5, 9, 2, 4, 7, 11, 3, 5, 9, 2, 4, 7, 1

>>> a=3*str2                     #将字符串重复 3 次
>>> print(a)
2, 3, 6, 9, 8, 4, 0, 12, 3, 6, 9, 8, 4, 0, 12, 3, 6, 9, 8, 4, 0, 1

>>> a=str1[1]                    #索引，返回字符串中序号为 1 的元素
>>> print(a)
,

>>> a=str1[1:7]                  #切片，返回字符串 s 中第 1 到 7 的元素子序列
>>> print(a)
, 3, 5, 9

>>> a=str1[1:7:2]                #切片，返回字符串 s 中以 2 为步长，第 1 到 7 的元素子序列
>>> print(a)
, , ,

>>> str1.center(20, '*')         #长度 20，居中对齐，两段空白用'*'填充
'**1, 3, 5, 9, 2, 4, 7, 1***'

>>> str1.replace(str1, 'Hello')  #将原字符串替换为新内容
'Hello'

'Hello World'.split()            #将字符串转为列表并自动识别空格划分元素
['Hello', 'World']
```

可以看出，虽然字符串 str1、str2 中的字符与前面列表、元组中举例的元素内容无二，但此时的逗号不再是元素间的分隔符而是具体的元素。字符串也是只读数据类型，其原因是字符串往往能进行文字表意，若允许修改则差之毫厘谬之千里了。

2) Python 字符串格式化——format()方法

格式化——format()方法是字符串的特有方法，可以非常方便地连接不同类型的变量或内容，基本格式为：

模板字符串.format(逗号分隔的参数)

调用 format()方法后会返回一个新的字符串，参数从 0 开始编号。例如在 shell 下运行：

```
>>> "{}{}{}{}{}".format(1, '+', 1, '=', 2)
'1+1=2'
```

可以看出，模板字符串格式为成对大括号，数量与参数对应，使用 format 后将数字与运算符拼接在一起。同样输出也可用另一种格式：

```
>>> "{0}+{1}={2}".format(1, 1, 2)
'1+1=2'
>>> "{}+{}={}".format(1, 1, 2)
'1+1=2'
```

因此，大括号中是否有数据都不会影响结果，输出以 format 中的参数为准。大括号本身也是字符，若需要在运行结果上添加大括号可在外层增添大括号，如下：

```
>>> "{{{}{}{}{}{}}}".format(1, '+', 1, '=', 2)
'{1+1=2}'
>>> "{{{}+{}}}={}".format(1, 1, 2)
'{1+1}=2'
```

大括号可添加于整个字符串外或添加在其中一段中。模板字符串是调用 format 方法的对象，可单独定义再调用 format 方法：

```
>>> a="{{{0}+{1}}}={2}"
>>> a.format(1, 1, 2)
'{1+1}=2'
```

format()方法中“模板字符串”的槽除了包括参数序号，还可以包括格式控制信息。此时，槽的内部样式如下：

{参数序号: 格式控制标记}

其中，“格式控制标记”用来控制参数显示时的格式，包括宽度、对齐、填充、精度、逗号和类型 6 个字段，这些字段都是可选的，也可组合使用。

(1) 宽度：用于设定当前槽的输出字符宽度，如果该槽对应的 format()参数长度比“宽度”设定值大，则使用参数实际长度。如果该值的实际位数小于指定宽度，则位数将被默认以空格字符补充。例如：

```
>>> str = "Hello World"
>>> "{0:20}".format(str)
'Hello World'          #宽度设定值大于参数长度，空余部分留白
```

```
>>> "{0:2}".format(str)
'Hello World            '#宽度设定值小于参数长度，使用参数实际长度
```

(2) 对齐：指参数在<宽度>内输出时的对齐方式，分别使用<、>和^三个符号表示左对齐、右对齐和居中对齐，对齐格式符放置于宽度系数前。例如：

```
>>> str = "Hello World"
>>> "{0:<20}".format(str)      #占空 20 字符，左对齐
'Hello World         '
>>> "{0:>20}".format(str)      #占空 20 字符，右对齐
'         Hello World'
>>> "{0:^20}".format(str)      #占空 20 字符，居中对齐
'    Hello World     '
```

在第一章打印菱形的例题中也用到了字符串的对齐方法——center，这里也是可以的，除此之外左右对齐也有相应方法：

```
>>> str.center(20)      #占空 20 字符，居中对齐，第一章用过的方法
'    Hello World     '
>>> str.ljust(20)       #占空 20 字符，左对齐
'Hello World         '
>>> str.rjust(20)       #占空 20 字符，右对齐
'         Hello World'
>>>
```

(3) 填充：当宽度设定值大于参数长度时，还可用其他字符填充空白和默认空格，若需更改则将填充字符置于格式符之前。例如：

```
>>> str = "Hello World"
>>> "{0:*^30}".format(str)               #居中对齐，左右空白填充字符“*”
'*********Hello World**********'  #填充后所有字符总数为 30
>>> "{0:#>30}".format(str)
'###################Hello World'  #右对齐，左空白填充字符“#”
```

(4) 精度：使用“.”+精度值的形式，置于格式值之后。对于浮点数，精度表示小数部分输出的有效位数；对于字符串，精度表示输出的最大长度。例如：

```
>>> "{0:*^20.2f}".format(1.0)          #精度为 2
'********1.00********'
>>> "{0:30.2f}".format(1.234567)       #精度为 2
'                          1.23'
>>> "{0:.5f}".format(1.0)              #精度为 5
'1.00000'
```

由此可看出，当精度不够时，结果会自动添加 0 补位，精度位数过多时则会只保留有效精度位，运行结果可带格式也可不带。

(5) 逗号：用于显示数字的千位分隔符，置于长度值之后、精度之前，例如：

```
>>> "{0:<30,}".format(342525261.234567)     #小数部分不受影响
```

'342, 525, 261.234567

```
>>> "{0:<30, .2f}".format(342525261.234567)      #配合精度使用
'342, 525, 261.23
```

(6) 类型：表示输出整数和浮点数类型的格式规则，置于格式控制字符末尾。整型的输出格式有六种，浮点型的输出格式有四种，分别如表 3-3 和表 3-4 所示。

表 3-3　整型格式类型

格式符	输 出 形 式
b	整数的二进制方式
c	整数对应的 Unicode 字符
d	整数的十进制方式
o	整数的八进制方式
x	整数的小写十六进制方式
X	整数的大写十六进制方式

表 3-4　浮点型格式类型

格式符	输 出 形 式
e	浮点数对应的小写字母 e 的指数形式
E	浮点数对应的大写字母 E 的指数形式
f	浮点数的标准浮点形式
%	浮点数的百分形式

当要以多种类型输出参数时，用逗号隔开。例如：

```
>>> "{0:b}, {0:c}, {0:d}, {0:o}, {0:x}, {0:X}".format(127)
'1111111, \x7f, 127, 177, 7f, 7F'逗号

>>> "{0:e}, {0:E}, {0:f}, {0:%}".format(1.23)
'1.230000e+00, 1.230000E+00, 1.230000, 123.000000%'
```

输出为浮点数时，最好辅以精度使用：

```
>>> "{0:.2e}, {0:.2E}, {0:.2f}, {0:.2%}".format(1.23)
'1.23e+00, 1.23E+00, 1.23, 123.00%'
```

3.1.3　应用举例

学习数据类型除了要了解它们自身的相关操作外，更重要的是将数据类型使用于算法和程序中。其中最常见的是列表(List)在 for 循环中的应用。

for 循环的执行方式是在一定取值范围内逐个访问，这种方式我们称为“遍历”。而列表是有序数列，每个元素都对应唯一编号，反过来可通过编号访问到列表中的每个元素，

因此将元素地址交付 for 循环便可遍历列表中的各个元素，语法格式为：

```
for i in 列表名:
```

例如：

```
>>> list1=[1, 3, 5, 7, 9]
>>> for i in list1:
        print(i, end=' ')
1 3 5 7 9

>>>list1=['一', '二', '三', '四', '五']
>>> for i in list1:
        print(i, end=' ')
一 二 三 四 五
```

可以看出，无论列表中的元素是数字还是字符串，for 循环都能遍历逐个访问，利用这一点可轻松解决排列组合类数学问题。

【例 3-1】 枚举出用 0、5、9、6 四个数组成的不重复的四位数。

分析　这是经典的基础排列组合问题，分析有几点：① 四位数不重复即每种组合只写一遍；② 并未提到各位上的数字不能相同则运行不同位上数字相同；③ 0 不能做首位。这三点都是数学问题。此外，三个数非自然数排列，因此不能用 range 函数实现，只能用列表遍历。有两种遍历方式，一是直接遍历列表，二是先遍历编号再访问列表，编程如下：

```
1   list1=[0, 5, 9, 6]
2   for i in list1[1:3]:        #直接遍历列表
3       for j in list1:
4           for k in list1:
5               for h in list1:
6                   print('%d%d%d%d'%(i, j, k, h), end=' ')
7   #方法二
8   for i in range(1, 3):       #索引访问
9       for j in range(4):
10          for k in range(4):
11              for h in range(4):
                    print('%d%d%d%d'%(list1[i], list1[j], list1[k], list1[h]), end=' ')
```

两种方法运行结果一样：

5000 5005 5009 5006 5050 5055 5059 5056 5090 5095 5099 5096 5060 5065 5069 5066 5500 5505 5509 5506 5550 5555 5559 5556 5590 5595 5599 5596 5560 5565 5569 5566 5900 5905 5909 5906 5950 5955 5959 5956 5990 5995 5999 5996 5960 5965 5969 5966 5600 5605 5609 5606 5650 5655 5659 5656 5690 5695 5699 5696 5660 5665 5669 5666 9000 9005 9009 9006 9050 9055 9059 9056 9090 9095 9099 9096 9060 9065 9069 9066 9500 9505 9509 9506 9550 9555 9559 9556 9590 9595 9599 9596 9560 9565 9569 9566 9900 9905 9909 9906 9950 9955 9959 9956 9990

9995 9999 9996 9960 9965 9969 9966 9600 9605 9609 9606 9650 9655 9659 9656 9690 9695 9699 9696 9660 9665 9669 9666

\>>>

【例 3-2】 打印 52 张扑克牌名，格式采用 3 行 13 列，同种花色为 1 行。

分析 此题同样会使用到列表，也有两种遍历方案。其关键点在格式，按三行排列则需在行遍历语句中加入换行符，代码如下：

```
1   list1=['红桃', '黑桃', '方块', '梅花']
2   list2=['A', '2', '3', '4', '5', '6', '7', '8', '9', '10', 'J', 'Q', 'K']
3   for i in range(4):
4       print('\n')         #格式考虑
5       for j in range(13):
6           print(list1[i]+list2[j], end=' ')
7   #方法二
8   for i in list1:
9       print('\n')         #格式考虑
10      for j in list2:
11          print(i+j, end=' ')
```

运行结果为：

红桃 A 红桃 2 红桃 3 红桃 4 红桃 5 红桃 6 红桃 7 红桃 8 红桃 9 红桃 10 红桃 J 红桃 Q 红桃 K

黑桃 A 黑桃 2 黑桃 3 黑桃 4 黑桃 5 黑桃 6 黑桃 7 黑桃 8 黑桃 9 黑桃 10 黑桃 J 黑桃 Q 黑桃 K

方块 A 方块 2 方块 3 方块 4 方块 5 方块 6 方块 7 方块 8 方块 9 方块 10 方块 J 方块 Q 方块 K

梅花 A 梅花 2 梅花 3 梅花 4 梅花 5 梅花 6 梅花 7 梅花 8 梅花 9 梅花 10 梅花 J 梅花 Q 梅花 K

\>>>

上面的程序使用了两个列表分别收录扑克牌的花色和数字，也可将两个列表合二为一，再修改遍历范围和将列表切片，修改代码如下：

```
1   list1=['红桃', '黑桃', '方块', '梅花', 'A', '2', '3', '4', '5', '6', '7', '8', '9', '10', 'J', 'Q', 'K']
2   for i in range(4):
3       print('\n')
4       for j in range(4, 17):
5           print(list1[i]+list1[j], end=' ')
6   #方法二
7   for i in list1[0:4]:
8       print('\n')
9       for j in list1[4:17]:
```

```
10        print(i+j, end=' ')
```

运行结果为：

红桃 A 红桃 2 红桃 3 红桃 4 红桃 5 红桃 6 红桃 7 红桃 8 红桃 9 红桃 10 红桃 J 红桃 Q 红桃 K

黑桃 A 黑桃 2 黑桃 3 黑桃 4 黑桃 5 黑桃 6 黑桃 7 黑桃 8 黑桃 9 黑桃 10 黑桃 J 黑桃 Q 黑桃 K

方块 A 方块 2 方块 3 方块 4 方块 5 方块 6 方块 7 方块 8 方块 9 方块 10 方块 J 方块 Q 方块 K

梅花 A 梅花 2 梅花 3 梅花 4 梅花 5 梅花 6 梅花 7 梅花 8 梅花 9 梅花 10 梅花 J 梅花 Q 梅花 K

\>>>

3.2　映　　射

映射指两个元素之间相互对应的关系，为了准确对应，每个元素都有名字，这个名字叫键(Key)，而其对应的元素叫值(Value)。键—值对组合构成映射的元素。

3.2.1　字典

字典(也叫散列表)是 Python 中唯一内建的映射类型。字典的键可以是数字、字符串或者是元组等任何不可变类型，但必须唯一，而值不一定唯一。在 Python 中，数字、字符串和元组都被设计成不可变类型，而常见的列表以及集合(Set)都是可变的，所以列表和集合不能作为字典的键。键的形式如此广泛，也是 Python 中的字典最强大的地方。

字典用符号“{}”建设，键—值对用冒号连接格式为：

字典名={Key1:Value1，Key2:Value2，…}

例如，记录性别的字典可表示为：

dictsex={'张三': '男', '李琳': '女', '吴辉': '男'}

'张三'、 '李琳'、'吴辉'为“键(Key)”， '男'、'女'为“值(Value)”，可见“键(Key)”值必须唯一，“值(Value)”则明显不唯一，二者不可颠倒。

字典可通过合并两序列创建，创建函数为：

dict(zip(list1, list2))

其中 list1、list2 是实现创建好的序列，可为元组或列表。例如，上例字典可这样创建：

```
>>> list1=['张三', '李琳', '吴辉']
>>> list2=[ '男', '女', '男']
>>> dictsex=dict(zip(list1, list2))
>>> dictsex
{'张三': '男', '李琳': '女', '吴辉': '男'}
>>>
```

3.2.2 字典函数

字典的内建函数有的与序列类似，有的是特有的，常用的有以下 5 个。

1. 键值查找

键值查找返回键值，若无则报错：

```
>>> dictsex['张三']
'男'
>>> dictsex['张五']
Traceback (most recent call last):
  File "<pyshell#31>", line 1, in <module>
    dictsex['张五']
KeyError: '张五'
>>>
```

2. 字典更新

字典更新通过访问方式直接将旧值覆盖：

```
>>> dictsex['张三']='女'
>>> dictsex
{'张三': '女', '李琳': '女', '吴辉': '女', '李四': '男', '王芳': '女'}
>>>
```

3. 添加元素

添加元素即添加新键—值对：

```
>>> dictsex['张五']='男'
>>> dictsex
{'张三': '女', '李琳': '女', '吴辉': '女', '李四': '男', '王芳': '女', '张五': '男'}
```

4. 成员判断

成员判断即使用 in 指令判断键值是否存在于字典中，有返回 True，无则返回 False：

```
>>> '张三' in dictsex
True
>>> '王三' in dictsex
False
>>>
```

5. 删除元素

删除元素即使用 del 指令删除键，即对应值：

```
>>> del dictsex['张五']
>>> dictsex
{'张三': '女', '李琳': '女', '吴辉': '女', '李四': '男', '王芳': '女'}
```

3.2.3　字典方法

除了内建函数，字典还有不少实用的内建方法，常用的如表 3-5 所示。

表 3-5　字典方法

方 法 名	描　　述
clear()	清空字典
pop(Key)	移除键，同时返回此键所对应的值
copy()	浅复制字典，即产生一副本覆盖原字典
update()	字典合并，如果键相同，则覆盖原值
get(Key, '任意字符')	返回键 Key 所对应的值，如果没有此键，则返回'任意字符'
Keys()	返回可迭代的 dict_keys 集合对象
values()	返回可迭代的 dict_values 值对象
items()	返回可迭代的 dict_items 对象

下面用实例演示说明：

```
>>> list1='张三', '李琳', '吴辉'
>>> list2= '男', '女', '男'
>>> dictsex=dict(zip(list1, list2))      #创建字典 dictsex
>>> dictsex
{'张三': '男', '李琳': '女', '吴辉': '男'}

>>> dictsex.copy()      #浅复制 dictsex 后输出
{'张三': '男', '李琳': '女', '吴辉': '男'}

>>> dict2={'李四': '男', '王芳': '女', '吴辉': '女'})      #创建字典 dict2
>>> dictsex.update(dict2))      #将 dict2 合并到 dictsex 中
>>> dictsex
{'张三': '男', '李琳': '女', '吴辉': '女', '李四': '男', '王芳': '女'}

>>> dictsex.get('李四')      #获取键'李四'的值
'男'

>>> dictsex.get('王五', '查无此人')      #键不存在时返回字符串'查无此人'
'查无此人'

>>> dictsex.keys()      #返回可迭代的 dict_keys 集合对象
dict_keys(['张三', '李琳', '吴辉', '李四', '王芳'])
```

```
>>> dictsex.values()       #返回可迭代的 dict_keys 集合对象
dict_values(['男', '女', '女', '男', '女'])

>>> dictsex.items()      #返回可迭代的 dict_items 对象
dict_items([('张三', '男'), ('李琳', '女'), ('吴辉', '女'), ('李四', '男'), ('王芳', '女')])
```

在第二章例 2-5 中曾提出过优化设计的设想，在公布结果时告知玩家电脑的出拳情况，现在便可利用字典的特性来实现：

```
1   import random
2   def game():
3       if robot==player:
4           return '平手'
5       elif (player-robot==1) or (robot-player==2):
6           return '电脑赢'
7       else:
8           return '你赢了'
9   #创建字典收录拳法
10  dict={1:'石头', 2:'剪刀', 3:'布'}
11  while True:
12      robot = random.randint(1, 3)
13      player = int(input('请选择你的出拳，1 是剪刀，2 是石头，3 是布：'))
14      print('电脑是%s 而你是%s 所以%s' %(dict[robot] , dict[player], game()) )
```

通过键值查询到对应值，玩家便能知晓电脑的出拳情况了，运行结果：

```
请选择你的出拳，1 是剪刀，2 是石头，3 是布：1
电脑是石头而你是石头所以平手
请选择你的出拳，1 是剪刀，2 是石头，3 是布：2
电脑是布而你是剪刀所以你赢了
请选择你的出拳，1 是剪刀，2 是石头，3 是布：3
电脑是石头而你是布所以你赢了
请选择你的出拳，1 是剪刀，2 是石头，3 是布：
```

程序为无限循环且结果随机。

3.3 集　　合

在 Python 中，一个无序不重复元素的组合被称为集合，集合中的元素必须是不可变类型。和字典一样，大括号是它的标志，但其中的元素都是独立个体，例如，一个 10 以内的奇数集合可表示为：

S={1, 3, 5, 7, 9}

3.3.1　构建集合

构建集合可用直接定义的方式，也可将序列创建为集合。创建方式有可变 set 和不可变 frozenset 两种：

```
>>> s='Hello World'
>>> s=set(s)
>>> s
{'l', 'H', ' ', 'W', 'd', 'e', 'o', 'r'}

>>> s=frozenset(s)
>>> s
frozenset({'l', 'H', ' ', 'W', 'd', 'e', 'o', 'r'})
```

由此可见，创建集合后重复的元素被去除了，顺序也乱了，说明集合是无序无重复元素的组合，创建不可变集合时集合加上了 frozenset 标签，这样的集合变为只读。

【例 3-3】 制作一款猜成语游戏，将成语“欲盖弥彰、暗度陈仓、李代桃僵、杯弓蛇影、放虎归山”五个成语打乱出题，由玩家作答，并可输入密码 888 提取答案。

分析　提到打乱顺序可联想到无序排列的字典，而想到提取答案就可想到初始格式应为列表，则可编程如下：

```
1	print('看看你能找出几个成语呢？')
2	a=('欲盖弥彰 暗度陈仓 李代桃僵 杯弓蛇影 放虎归山')
3	a1=set(a)
4	print(a1)
5	for i in range(5):
6		print(i+1, '. ', ' _'*10)
7	s=int(input('请输入密码提取答案：'))
8	if s==888:
9		print(a)
```

运行结果为：

```
看看你能找出几个成语呢？
{'杯', '彰', '蛇', ' ', '归', '陈', '盖', '山', '欲', '桃', '弓', '放', '影', '僵', '度', '弥', '虎', '仓', '代', '李', '暗'}
1 .
2 .
3 .
4 .
5 .
请输入密码提取答案：888
欲盖弥彰 暗度陈仓 李代桃僵 杯弓蛇影 放虎归山
>>>
```

每次运行的题面是不同的，因为都是随机打乱。从格式考虑还添加了答题题号。此题正是利用了集合无序这一特点。

类似的连词成句的题目也可执行，还可利用定义类的方式编排序号。例如：

```
1   print('把下面的词语组成句子写下来，并加上合适的标点。')
2   class polygons(object):
3       counter = 0
4       def __init__(self, t):
5           self.type = t
6           polygons.counter += 1
7       def angel(self):
8           print("%s.%s"%(polygons.counter, self.type))
9           print('\n'*5)
10  a=('这支铅笔是爷爷送给我的。')
11  a1=set(a)
12  quadrilateral = polygons(a1)
13  quadrilateral.angel()
14  b=('春风一吹，就长出了嫩绿的小草。')
15  b1=set(b)
16  quadrilateral = polygons(b1)
17  quadrilateral.angel()
18  c=('每天早上小红都给花浇水。')
19  c1=set(c)
20  quadrilateral = polygons(c1)
21  quadrilateral.angel()
22  d=('这白云多么像一只小白兔！')
23  d1=set(d)
24  quadrilateral = polygons(d1)
25  quadrilateral.angel()
26  e=('羊儿在山坡上悠闲地吃草。')
27  e1=set(e)
28  quadrilateral = polygons(e1)
29  quadrilateral.angel()
30  s=int(input('请输入密码提取答案：'))
31  List=[a, b, c, d, e]
32  if s==888:
33      x=1
34      for i in List:
```

```
35        print(x, i)
36        x+=1
```

忽略空行，运行结果如下：

```
把下面的词语组成句子写下来，并加上合适的标点。
1.{'爷', '的', '这', '。', '是', '给', '铅', '只', '笔', '送', '我'}
2.{'长', '的', '了', '吹', '就', ',', '小', '出', '嫩', '一', '。', '春', '风', '绿', '草'}
3.{'浇', '天', '花', '都', '红', '小', '水', '早', '给', '上', '。', '每'}
4.{'多', '像', '么', '这', '小', '一', '只', '云', '白', '!', '兔'}
5.{'山', '悠', '儿', '羊', '。', '吃', '地', '坡', '上', '闲', '草', '在'}
请输入密码提取答案：888
1 这支铅笔是爷爷送给我的。
2 春风一吹，就长出了嫩绿的小草。
3 每天早上小红都给花浇水。
4 这白云多么像一只小白兔！
5 羊儿在山坡上悠闲地吃草。
```

无序只是集合的基本特征之一，已经彰显了其在实际应用中的优势，继续学习还能发现集合的更多魅力。

在第一章的例 1-9 中我们提出了是否有更加优化的方案，现在我们便可利用字典来给程序瘦身了：

```
1  def f(x):
2      return (x-1900)%12      #1900 年为鼠年且按人类寿命推算应为当今人类的出生年份极限
3  a={0:'鼠', 11:'牛', 10:'虎', 9:'兔', 8:'龙', 7:'蛇', 6:'马', 5:'羊', 4:'猴', 3:'鸡', 2:'狗', 1:'猪'}
4  while True:
5      x=int(input('请输入你的出生年份：') )
6      print('你的生肖是%s'%(a[f(x)]))
```

运行结果举例：

```
请输入你的出生年份:2010
你的生肖是虎
请输入你的出生年份:  #循环调用
```

集合的应用非常广泛，后面的学习中也有诸多案例。

3.3.2　集合运算

集合之间也可进行数学集合运算(例如：并集、交集等)，可用相应的操作符或方法来实现。

1. 子集

子集为某个集合中一部分的集合，故亦称部分集合。

使用操作符 < 执行子集操作，同样的，也可使用方法 issubset()完成。

```
>>> a=set('12345')
>>> b=set('45678')
```

```
>>> c=set('45')
>>> c<a     #issubset 判断 c 是否为 a 的子集
True   #返回值

>>> c<b
True

>>> a<b
False

>>> c.issubset(a)        #issubset 拆分为 is sub set，直译判断 c 是否为 a 的子集
True
>>>
```

2. 并集

一组集合的并集是这些集合的所有元素构成的集合，且不包含其他元素。
使用操作符 | 执行并集操作，同样的，也可使用方法 union()完成：

```
>>> a=set('12345')
>>> b=set('45678')
>>> a|b   #ab 位置可交换
{'7', '3', '2', '5', '8', '6', '1', '4'}

>>> a.union(b)   #ab 位置可交换
{'7', '3', '2', '5', '8', '6', '1', '4'}
```

3. 交集

两个集合 a 和 b 的交集是所有既属于 a 又属于 b 的元素，而没有其他元素的集合。
使用 & 操作符执行交集操作，同样的，也可使用方法 intersection()完成。

```
>>> a=set('12345')
>>> b=set('45678')
>>> a&b                      # ab 位置可交换
{'5', '4'}

>>> b.intersection(a)          # ab 位置可交换
{'5', '4'}
>>>
```

4. 差集

a 与 b 的差集是所有属于 a 且不属于 b 的元素构成的集合。
使用操作符 - 执行差集操作，同样的，也可使用方法 difference() 完成。

```
>>> a=set('12345')
>>> b=set('45678')
>>> a-b
```

```
{'2', '1', '3'}

>>> a.difference(b)
{'2', '1', '3'}

>>> b.difference(a)                    # ab 位置交换后结果自然不同
{'7', '6', '8'}
```

5. 对称差

两个集合的对称差等于两集合的并集减去两集合的交集。

使用 ^ 操作符执行差集操作，同样的，也可使用方法 symmetric_difference() 完成。

```
>>> a=set('12345')
>>> b=set('45678')
a^b   #ab 位置可交换
{'2', '8', '6', '7', '3', '1'}

>>> b.symmetric_difference(a)    # ab 位置可交换
{'2', '8', '6', '7', '1', '3'}
```

3.3.3　集合方法

除了类数学运算外，集合还内嵌了多种方法，常用的有以下几种。

(1) add：向集合中添加元素。例如：

```
>>> a=set('12345')
>>> a.add('a')
>>> a
{'3', '4', 'a', '2', '5', '1'}
```

(2) clear：清空集合。例如：

```
>>> a=set('12345')
>>> a.clear()
>>> a
set()
```

(3) copy：返回集合的浅拷贝。例如：

```
>>> a=set('12345')
>>> a.copy()                #浅拷贝，即副本覆盖原集合
{'3', '4', '2', '5', '1'}
```

(4) pop：删除并返回任意的集合元素(如果集合为空，会引发 KeyError 报错)。例如：

```
>>> a=set('12345')
>>> a.pop()                 #集合无序，随机删除
'3'
>>> s
```

```
>>> a.clear()
>>> a.pop()                    #集合为空，引发 KeyError 报错
Traceback (most recent call last):
  File "<pyshell#25>", line 1, in <module>
    a.pop()
KeyError: 'pop from an empty set'
```

(5) remove：删除集合中的一个元素(如果元素不存在，会引发 KeyError 报错)。例如：

```
>>> a=set('12345')
>>> a.remove('2')              # 2 的数据类型为字符串
>>> a
{'3', '4', '5', '1'}
```

(6) discard：删除集合中的一个元素(如果元素不存在，则不执行任何操作)。例如：

```
>>> a=set('12345')
>>> a.discard(2)               #数字 2 非集合中元素，不执行任何操作也不会报错
>>> a
{'3', '4', '5', '1'}
```

(7) intersection：将两个集合的交集作为一个新集合返回。例如：

```
>>> a=set('12345')
>>> b=set('13579')
>>> a.intersection(b)
{'3', '1', '5'}
```

(8) union：将集合的并集作为一个新集合返回。例如：

```
>>> a=set('12345')
>>> b=set('13579')
>>> a.union(b)
{'3', '4', '7', '9', '2', '5', '1'}
```

(9) difference：将两个或多个集合的差集作为一个新集合返回。例如：

```
>>> a=set('12345')
>>> b=set('13579')
a.difference(b)
{'4', '2'}
```

(10) symmetric_difference：将两个集合的对称差作为一个新集合返回(两个集合合并删除相同部分，其余保留)。例如：

```
>>> a=set('12345')
>>> b=set('13579')
>>> a.symmetric_difference(b)
{'4', '2', '7', '9'}
```

(11) update：用原集合和另一个集合的并集来更新这个集合。例如：

```
>>> a=set('12345')
>>> b=set('13579')
>>> a.update(b)
>>> a
{'3', '4', '7', '9', '2', '5', '1'}
```

(12) intersection_update()：用原集合和另一个集合的交集来更新这个集合。例如：

```
>>> a=set('12345')
>>> b=set('13579')
>>> a.intersection_update(b)
>>> a
{'3', '7', '9', '5', '1'}
```

(13) isdisjoint()：如果两个集合有一个空交集，则返回 True。例如：

```
>>> a=set('12345')
>>> b=set()
>>> a.isdisjoint(b)
True
```

(14) issubset()：如果另一个集合包含这个集合，则返回 True。例如：

```
>>> b=set('12345')          # b 包含 a
>>> a=set('135')
>>> a.issubset(b)
True
```

(15) issuperset()：如果这个集合包含另一个集合，则返回 True。例如：

```
>>> a=set('12345')
>>> b=set('135')
>>> a.issuperset(b)          # a 包含 b
True
```

(16) difference_update()：从这个集合中删除另一个集合的所有元素。例如：

```
>>> a=set('12345')
>>> b=set('13579')
>>> a.difference_update(b)
>>> a
{'4', '2'}
```

(17) symmetric_difference_update()：用自己和另一个集合的对称差来更新这个集合。例如：

```
>>> a=set('12345')
>>> b=set('13579')
>>> a.symmetric_difference_update(b)
>>> a
{'4', '7', '9', '2'}
```

3.3.4 内建函数

除内建方法外，集合中还有一系列内建函数来执行相关操作，如表 3-6 所示。

表 3-6　集合常用内建函数

函数名	描　述
all( )	如果集合中的所有元素都是 True(或者集合为空)，则返回 True
any( )	如果集合中的所有元素都是 True，则返回 True；如果集合为空，则返回 False
enumerate( )	返回一个枚举对象，其中包含了集合中所有元素的索引和值(配对)
len( )	返回集合的长度(元素个数)
max( )	返回集合中的最大项
min( )	返回集合中的最小项
sorted( )	从集合中的元素返回新的排序列表(不排序集合本身)
sum( )	返回集合的所有元素之和

接下来对各个内建函数举例说明：

```
>>> a=set('12345')                    #创建一个由数字组成的字符串集合
>>> b=set()                           #创建一个空集合
>>> c=set('abcde')                    #创建一个纯字母集合
>>> d=set('good!')                    #创建一个含特殊符号的集合
>>> all(a)
True
>>> all(b)
True
>>> all(c)
True
>>> all(d)
True

>>> any(a)
True
>>> any(b)
False
>>> any(c)
True
>>> any(d)
True

>>> enumerate(a)
```

```
<enumerate object at 0x00EC2488>
>>> enumerate(b)
<enumerate object at 0x00EC2688>
>>> enumerate(c)
<enumerate object at 0x00EC2788>
>>> enumerate(d)
<enumerate object at 0x00EC27A8>

>>> len(a)
5
>>> len(b)
0
>>> len(c)
5
>>> len(d)                          #重复字符不计入长度
4
>>> max(a)                          #以字符对应的ASCII码大小排序
'5'
>>> max(b)                          #空集合返回报错
Traceback (most recent call last):
  File "<pyshell#99>", line 1, in <module>
    max(b)
ValueError: max() arg is an empty sequence
>>> max(c)
'e'
>>> max(d)
'o'

>>> min(a)
'1'
>>> min(b)                          #空集合返回报错
Traceback (most recent call last):
  File "<pyshell#79>", line 1, in <module>
    min(b)
ValueError: min() arg is an empty sequence
>>> min(c)
'a'
>>> min(d)
'!'
```

```
>>> sorted(a)
['1', '2', '3', '4', '5']
>>> sorted(b)
[]
>>> sorted(c)
['a', 'b', 'c', 'd', 'e']
>>> sorted(d)
['!', 'd', 'g', 'o']
>>> sum(a)                              #空集合返回报错
Traceback (most recent call last):
  File "<pyshell#86>", line 1, in <module>
    sum(a)
TypeError: unsupported operand type(s) for +: 'int' and 'str'
>>> sum(b)                              #空集合求和为 0
0
>>> sum(c)                              #非数字或数字类字符的集合无法求和
Traceback (most recent call last):
  File "<pyshell#101>", line 1, in <module>
    sum(c)
TypeError: unsupported operand type(s) for +: 'int' and 'str'
```

3.4 堆栈与队列

可修改的数据类型常被用作寄存器，即数据只是按照一定规律暂时存储其中，需要时再按照规律依次读出(检索)。这样的规律被称为读取方式，而按照特定的读取方式构建的数据结构有栈和队列。

3.4.1 栈

栈(Stack)是一种只能通过访问其一端来实现数据存储与检索的线性数据结构，具有后进先出(Last In First Out，LIFO)的特征。

允许插入和删除的一端称为栈顶，另外固定的一端称为栈底，不含任何元素的栈称为空栈，如图 3-3 所示。

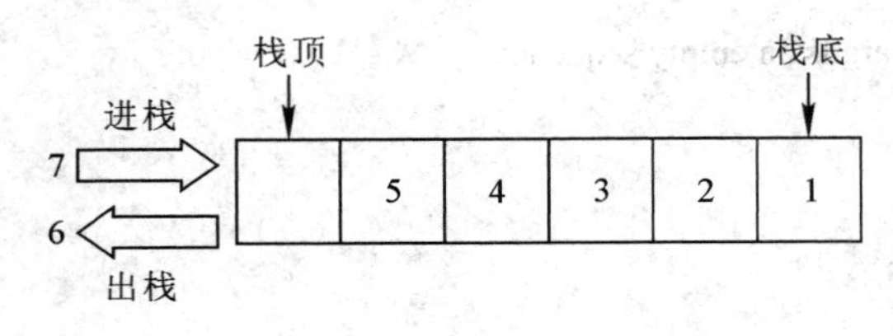

图 3-3　栈

栈的基本操作有进栈(压栈)push、出栈 pop、取栈顶 gettop(查看栈顶元素，但不取走)。使用一般的列表结构也可实现栈的三种操作，直接使用列表的内建方法 append、pop 和[-1]：

```
>>> stack = [3, 4, 5]
>>> stack.append(6)        #push 一个元素 6 进栈
>>> stack.pop()            #pop 出栈为最后入栈元素 6
6
>>> stack.pop()            #按顺序依次出栈的为栈顶元素 5
5
>>> stack[-1]              #查看栈顶
4
>>> stack                  #被查看的栈顶并未被删除
[3, 4]
```

也可根据栈的操作方式定义一个栈的类：

```
1   class Stack:
2       def __init__(self):
3           self.stack = []
4       def push(self, element):
5           self.stack.append(element)      #入栈
6       def pop(self):
7           if len(self.stack) > 0:         #判断栈是否为空
8               return self.stack.pop()
9           else:
10              return None
11      def get_top(self):
12          if len(self.stack) > 0:         #判断栈是否为空
13              return self.stack[-1]
14          else:
15              return None
```

3.4.2 队列

队列(Queue)是一种具有先进先出(First In First Out，FIFO)特征的线性数据结构，元素的增加只能在一端进行，元素的删除只能在另一端进行。

1. 单向队列

存取同向的队列叫单向队列。能够增加元素的队列一端称为队尾，可以删除元素的队列一端则称为队首。Python 库 from collections import deque 可以实现 popleft()，如图 3-4 所示。

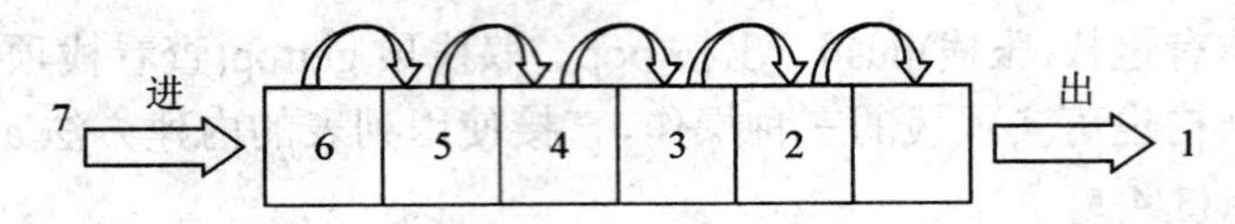

图 3-4　队列

栈是后进先出，队列是先进先出，队列在 Python 中使用 collections.dequeue()。要用队列表示栈，则在元素入栈时对栈元素的顺序进行调整，将最后元素之前的元素按顺序移动到最后一个元素的后面，使最后一个进入的元素位于队列的前面。

在 Python 内建库中的 collections 模块中有队列的方法 deque，可直接调用。deque 是双端队列(Double-ended Queue)的缩写，由于两端都能编辑，因此 deque 既可以用来实现栈(Stack)也可以用来实现队列(Queue)。例如：

```
>>> from collections import deque        #调用 collections 中的 deque 方法
>>> queue=deque([12345])                 #创建队列
>>> queue.append(6)
>>> queue.append(7)
>>> queue
deque([12345, 6, 7])                     #可见 12345 为一个元素
>>> queue.popleft()
12345

>>> queue=deque([1, 2, 3, 4, 5])         #用逗号隔开后队列中有 5 个元素
>>> queue.append(6)
>>> queue.append(7)
>>> queue
deque([1, 2, 3, 4, 5, 6, 7])
>>> queue.popleft()
1
```

相比于 list 实现的队列，deque 实现拥有更低的时间和空间复杂度。list 实现在出队(pop)和插入(insert)时的空间复杂度为 O(n)，deque 在出队(pop)和入队(append)时的时间复杂度为 O(1)。

deque 也支持 in 操作符，可以使用如下写法：

```
>>> queue=deque([1, 2, 3, 4, 5])
>>> print(5 in queue)        #判断元素 5 是否位于队列中
True
>>> print(0 in queue)        #判断元素 0 是否位于队列中
False
```

deque 还封装了顺逆时针旋转的方法——rotate。例如：

```
#顺时针旋转
>>> queue=deque([1, 2, 3, 4, 5])
>>> queue.rotate(1)          #所有元素按顺时针方向(右移)1 位
```

```
>>> queue
deque([5, 1, 2, 3, 4])

>>> queue.rotate(3)           #所有元素按顺时针方向(右移)3 位
>>> queue
deque([2, 3, 4, 5, 1])
#逆时针旋转
>>> queue=deque([1, 2, 3, 4, 5])
>>> queue.rotate(-1)          #所有元素按逆时针方向(左移)1 位
>>> queue
deque([2, 3, 4, 5, 1])

>>> queue.rotate(-3)          #所有元素按逆时针方向(左移)3 位
>>> queue
deque([5, 1, 2, 3, 4])
```

2. 双向队列

可以双向读取数据的队列叫双向队列，deque 也可实现双向链表操作，如图 3-5 所示。

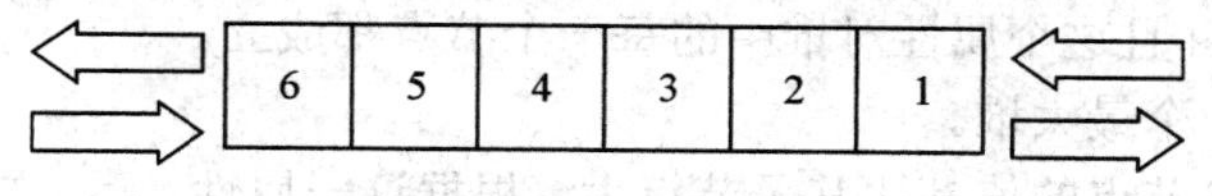

图 3-5　双向队列

```
>>> from collections import deque
>>> q=deque()                 #新建队列
>>> q.append(1)deque()  #添加元素，右进
>>> q.append(2)
>>> print(list(q))
[1, 2]
>>> q.appendleft(0)           #添加元素，左进
>>> print(list(q))
[0, 1, 2]
>>> q.pop()                   #右出
2
>>> print(list(q))
[0, 1]
>>> q.popleft()               #左出
0
>>> print(list(q))
[1]
>>> q.pop()                   #右出清空
```

```
1
>>> print(len(q))
0
```

deque 不仅功能强大，在线程安全方面，collections.deque 中的 append()、pop()等方法都是原子操作，所以是 GIL 保护下的线程安全方法。因此，collections.deque 是一个可以方便实现队列的数据结构，具有线程安全的特性，并有较高的性能。

3.4.3　堆

堆又被称为优先队列(Priority Queue)。尽管名为优先队列，但堆并不是队列。队列的进出机制是按先后顺序，而堆的读出机制是按元素优先级高低，因此堆中的元素需按优先级排列后再予以读取。

简单来说，堆就是用数组实现的完全二叉树。所谓树，是数据元素(也称节点)按分支关系组织起来的结构，二叉树则表示所有节点为二分支结构。完全二叉树指除最末层外，其他各层的节点数都饱和。

堆分为最大堆和最小堆两种，两者的差别在于节点的排序方式。在最大堆中，父节点的值比每一个子节点的值都要大。在最小堆中，父节点的值比每一个子节点的值都要小。这就是所谓的“堆属性”，并且这个属性对堆中的每一个节点都成立。如图 3-6 所示就是一个最大堆。

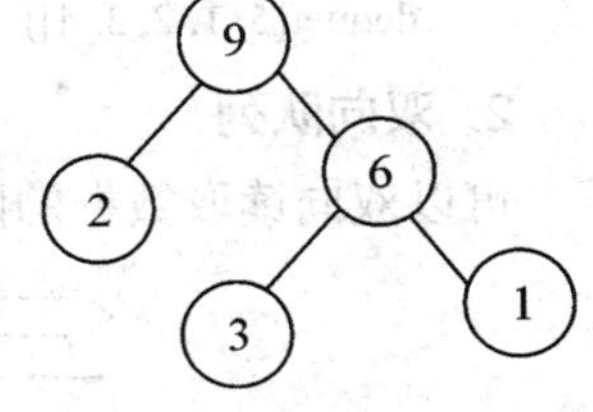

图 3-6　树

图 3-6 中每个父节点的值都比其子节点大。根据这一属性可以看出，最大堆总是最大值元素存放于树的根节点。最小堆则反之。这样一来便可快速地访问所需元素。值得注意的是，虽然堆的根部都存放着极值，但其他节点的情况却是未知的。堆的主要操作是插入和删除极小值(元素值本身为优先级键值，小元素享有高优先级)，而关键之处在于取出后剩下的结构须恢复为堆结构。

以最大堆为例，执行插入或删除操作后会出现两种情况。一种是上浮(Promotion)，指的是出现子节点的键值比父节点大。这时若要消除此现象恢复为最大堆，需要交换子节点的键和父节点的键，并重复这个过程直到堆的顺序恢复正常。另一种情况是下沉(Demotion)，指的是出现父节点的键值比子节点小。这时若要消除此现象恢复为最大堆则需要把父节点的键值和比它大的子节点的键值做交换，重复这个操作直到堆的顺序恢复正常。

Python 没有独立的堆类型，只有一个包含一些堆操作函数的模块。这个模块名为 heapq(其中的 q 表示队列，意指堆是优先队列)，它包含 6 个函数，其中前 4 个与堆操作直接相关，必须使用列表来表示堆对象本身，如表 3-7 所示。

表 3-7　模块 heapq 中的函数

函数名	描述
heappush(heap, x)	将 x 压入堆中
heappop(heap)	从堆中弹出最小的元素
heapify(heap)	让列表具备堆特征

续表

函数名	描　述
heapreplace(heap, x)	弹出最小的元素，并将 x 压入堆中
nlargest(n, iter)	返回 iter 中 n 个最大的元素
nsmallest(n, iter)	返回 iter 中 n 个最小的元素

3.5　算法基础

计算机语言与传统语言一样由词汇通过语法连接而成，传统语言中词汇的构成依赖于人们认识事物的习惯而形成的规律。计算机语言的词汇则通过字符、数据加算法构成。因此，算法(Algorithm)就是数据间的运算规律，而利用这些规律可确定一定范围内的输入取值，并经一定时间处理后获得确切输出。因此算法是处理数据和解决问题的指令。如果一个算法有缺陷，或不适合于某个问题，便无法得到正确的运行结果。不同的算法可能用不同的时间、空间或效率来完成同样的任务，正所谓殊途同归，那么算法的优劣便可通过空间复杂度与时间复杂度来衡量。

3.5.1　算法的基本特性

1. 算法的特征分类

正确的算法应该具有以下五个重要的特征：

(1) 有穷性(Finiteness)：算法必须能在执行有限个步骤之后终止。

(2) 确切性(Definiteness)：算法的每一步骤必须有确切的定义。

(3) 输入项(Input)：算法应有明确的处理对象，若未置输入口则说明默认了初始状态。

(4) 输出项(Output)：算法执行完毕后须返回运行结果，没有输出的算法是没有意义的。

(5) 可行性(Effectiveness)：也称之为有效性，指算法中的每个步骤都能被执行且执行时间有限。

除此以外，一个优秀的算法还应具备以下几点：

(1) 可读性：程序便于阅读、理解、交流，更甚者应做到代码优美、对仗工整。

(2) 健康性：具有检错甚至纠错能力。即当输入数据不合法时，算法也能作出相关提示或处理，而不是产生异常、崩溃或者莫名其妙的结果。

(3) 高效低耗性：即处理时间短，占用存储量小。

2. 算法优劣的评判指标

评判算法优劣的定量指标为效率，具体可分为时间复杂度和空间复杂度。度量效率的常用方法有事前分析估算法和事后统计法。

事前分析估算方法是在计算机程序编制前，依据统计方法对算法进行估算。一个用高级语言编写的程序在计算机上运行时所消耗的时间取决于以下因素：

(1) 算法采用的策略、方法(算法好坏的根本)；

(2) 编译产生的代码质量(由软件来支持)；

(3) 问题的输入规模(由数据决定)；

(4) 机器执行指令的速度(看硬件的性能)。

事后统计方法主要是通过设计好的测试程序和数据，利用计算机计时器对不同算法编制程序的运行时间进行比较，从而确定算法效率的高低，但这种方法有很大缺陷，一般不予采纳，因为木已成舟，于事无补。

第一指标时间复杂度可通过具体的数学公式推算。在进行算法分析时，语句总的执行次数 $T(n)$是关于问题规模 n 的函数，进而分析 $T(n)$随 n 的变化情况并确定 $T(n)$的数量级。算法的时间复杂度也就是算法的时间量度，记作 $T(n)=O(f(n))$。它表示随问题规模 n 的增大，算法执行时间的增长率和 $f(n)$的增长率相同，称作算法的渐近时间复杂度，简称为时间复杂度。其中 $f(n)$是问题规模 n 的某个函数。

根据定义，求解算法的时间复杂度的具体步骤是：

(1) 找出算法中的基本语句。算法中执行次数最多的那条语句就是基本语句，通常是最内层循环的循环体。

(2) 计算基本语句的执行次数的数量级。只需计算基本语句执行次数的数量级，这就意味着只要保证基本语句执行次数的函数中的最高次幂正确即可，可以忽略所有低次幂和最高次幂的系数。这样能够简化算法分析，并且使注意力集中在最重要的一点——增长率上。

(3) 用记号 O 表示算法的时间性能。将基本语句执行次数的数量级放入记号 O 中。

下面是 O 阶基本的推导方法：

(1) 用常数 1 取代运行时间中的所有加法常数。

(2) 在修改后的运行次数函数中，只保留最高阶项。

(3) 如果最高阶项存在且不是 1，则去除与这个项相乘的常数。

简单地说，就是保留求出次数的最高次幂，并且把系数去掉。如 $T(n) = n^2 + n + 1 = O(n^2)$看起来似乎很复杂，简单函数的时间复杂度基本上能一目了然，例如：

```
print("this is wd")        #复杂度 O(1)
for i in range(n):         #复杂度 O(n)
    print(i)
for i in range(n):         #复杂度 O(n^2)
    for j in range(n):
        print(j)
for i in range(n):         #复杂度 O(n^3)
    for j in range(n):
        for k in range(n):
            print('wd')
while n > 1:               #复杂度 O(log_2 n)
    print(n)
    n = n // 2
```

常见的时间复杂度按效率排序为：$O(1) < O(\mathrm{lb}n) < O(n) < O(n\mathrm{lb}n) < O(n^2) < O(2n\mathrm{lb}n) < O(n^2)$。

第二指标空间复杂度是对一个算法在运行过程中临时占用存储空间大小的量度。一个算法在计算机存储器上所占用的存储空间包括存储算法本身所占用的存储空间、算法的输入输出数据所占用的存储空间和算法在运行过程中临时占用的存储空间这三个方面。算法的输入输出数据所占用的存储空间是由要解决的问题决定的，是通过参数表由调用函数传递而来的，它不随本算法的不同而改变。存储算法本身所占用的存储空间与算法书写的长短成正比，要压缩这方面的存储空间，就必须编写出较短的算法。算法在运行过程中临时占用的存储空间随算法的不同而异，有的算法只需要占用少量的临时工作单元，而且不随问题规模的大小而改变，这种算法是节省存储的算法；有的算法需要占用的临时工作单元数与解决问题的规模 n 有关，它随着 n 的增大而增大，当 n 较大时，将占用较多的存储单元。

当一个算法的空间复杂度为一个常量，即不随被处理数据量 n 的大小而改变时，可表示为 $O(1)$；当一个算法的空间复杂度与以 2 为底的 n 的对数成正比时，可表示为 $O(\log_2 n)$；当一个算法的空间复杂度与 n 成线性比例关系时，可表示为 $O(n)$。若形参为数组，则只需要为它分配一个存储由实参传送来的地址索引的空间，即一个机器字长空间；若形参为引用方式，则也只需要为其分配存储一个地址的空间，用它来存储对应实参变量的地址，以便由系统自动引用实参变量。

常见的空间复杂度按效率排序为：$O(1) < O(\text{lb}n) < O(n) < O(n\text{lb}n) < O(n^2) < O(2n\text{lb}n) < O(n^2)$。

时间复杂度和空间复杂度是评判算法优劣的标志，也是算法优化的目标，而算法的具体实现是基础和根本，接下来介绍 Python 中常用的几种算法。

3.5.2 方法说明

数学解题有很多经典思路，学者对其做了总结归纳，例如枚举法、归谬法等。同样的，编程的算法也有诸多归类，例如穷举法、递推法、递归法等，以下就常用方法做简要说明。

1. 穷举法

穷举法类似数学中的枚举法，也称暴力破解法，顾名思义即把所有可能情况一一列举，再逐一判断是否满足条件。听上去这是最笨的方法同时也是万能方法，当情况较多时人工几乎无法完成，但计算机可以并擅长于这种方法，不仅速度快还不会出错。在前面的诸多与循环相关的例题中我们大量用到了这种方法，例如筛选素数、求公约数、解方程等。穷举法还常被用作破解密码，使用穷举法理论上一定能找到正确密码，而关键在于这是一种万里挑一的做法，大量的计算都是用于试错的，而如何减少试错便是提高穷举法效率的主要工作，例如缩小范围、分类查找等。在第二章中有关鸡兔同笼和口算生成器的题目中就采用了缩小范围的思路。

穷举法的案例很多，这里就不单独举例了。

2. 贪心算法

贪心算法可以算作一种瘦身后的枚举法。算法思想是首先将问题分解为数级问题，并对各级寻求最优解。换句话说，这是一种从局部到整体的思路，寻求的最优解只是当前最优而非全局最优。贪心算法类同于数学中的分步求解法，基本流程是：全局分析建立数学模型→分解出若干个子问题→对每一子问题求得局部最优解→将各局部最优解合并为总问题之解。

【例 3-4】 用 3、6、7、9 四个数组成乘法算式，结果最大的是什么？

分析 由于总共有四个数且都为非零整数，则只有两种情况：

① 两位数×两位数；

② 一位数×三位数。

对于第一种情况要求两个乘数值都尽可能大，因此十位各取 7 和 9，则只有两种情况以作比对，选出较大值。

第二种情况又可分为两个思路：一位数选最大值 9，三位数从小到大列举，将结果与情况 1 比对，若比情况 1 结果大则用结果替换情况 1 结果，更换三位数继续比对，若小则停止比对；三位数选最大值组合 976，一位数只能选 3，将结果与前面筛选出的最大值比对，若大则选三位数第二大组合，若小则停止比对。最后得出结论：最大的为 93×76=7068。

在进行上述分解步骤前需首先将四个数递增或递减排列，涉及排序法，因此本题只限于数学分析，等学习排序法后可思考用代码求解。

贪心算法所做的选择可以依赖于以往所做过的选择，但决不依赖于将来的选择，也不依赖于子问题的解，因此贪心算法与其他算法相比具有一定的速度优势。如果一个问题可以同时用几种方法解决，贪心算法应该是最好的选择之一。与之类似的还有分治法和动态规划法。分治法即把复杂的问题拆分，层层求解直到问题解决。动态规划法即将原问题分解为相似的子问题，在求解的过程中通过子问题的解类推求出原问题的解。动态规划程序设计是解最优化问题的一种途径、一种方法，而不是一种特殊算法。不像前面所述的那些搜索或数值计算那样具有一个标准的数学表达式和明确清晰的解题方法，动态规划程序设计往往是针对一种最优化问题，由于各种问题的性质不同，确定最优解的条件也互不相同，因而动态规划的设计方法对不同的问题有各具特色的解题方法，而不存在一种万能的动态规划算法。因此读者在学习时，除了要对基本概念和方法正确理解外，必须具体问题具体分析处理，以丰富的想象力去建立模型，用创造性的技巧去求解。

贪心算法、分治法及动态规划法都属于统筹思路，一般会跟其他具体算法配合使用。

3. 递推迭代

有的资料把递推和迭代作为两种算法，但由于两者思路几乎相同，因此这里合并在一起说明。递推，从字面上很好理解，表示以此类推，即用一种统一的规律不断产生数据的过程。简单来说就是列方程和带入求解。而迭代法则是通过一组实例数据来摸清其规律，再通过总结出的规律生成新数据的过程。若要说两者的区别即递推可以没有初始值，而迭代需要有初始值。或者说递推是单一函数，迭代是分段函数，例如，$f(n)=2*n$ 是递推，而 $f(0)=1, f(n)=n+1(n>0)$是迭代。

迭代法有很多经典模型，最常见的迭代法是牛顿法，其他还包括最速下降法、共轭迭代法、变尺度迭代法、最小二乘法、线性规划法、非线性规划法、单纯型法、惩罚函数法、斜率投影法、遗传算法、模拟退火等，具体可从专门的算法类文献中获取详细信息。

4. 递归算法

递归算法即在函数中调用自身，它的运行效果有的与循环非常相似，要注意两者的区分。例如，经典的讲不完的故事《从前有座山》就可以用递归实现：

```
1  def story():
2      print('''从前有座山,
3  山上有座庙,
4  庙里有个老和尚给一个小和尚讲故事——''')
5      story()
6  story()
```

运行结果：

从前有座山,
山上有座庙,
庙里有个老和尚给一个小和尚讲故事——
从前有座山,
山上有座庙,
庙里有个老和尚给一个小和尚讲故事——
…

永远无法讲完的故事，只能用 Ctrl+C 来强制中断了。此例中在定义的函数 story()中又调用了 story()，好比用两块镜子面对面平行放置，若在两块镜子间放上任何物品则会形成镜像中有镜像的景象，物品的镜像无限衍生下去，这样的方式就是递归。寥寥几行代码便能产生无穷无尽的结果，给人一种蚂蚁撼大树的感觉。而也是因为这点，我们需要给无穷尽的结果加上边界，让其在满足某种条件时结束程序，即递归的执行分为两段一节点，递归前进段、递归返回段和边界条件节点。例如，将上例加上边界则可修改如下：

```
1  def story(n):
2      if n > 0:
3          print('''从前有座山,
4  山上有座庙,
5  庙里有个老和尚给一个小和尚讲故事——''')
6          story(n-1)
7  story(3)
```

这样一来当以实参 3 调用函数时，运行结果限定为重复三次。

递归是最能表现计算思维的算法之一，一些用循环递推方式编写的程序也可以改为递归。

【例 3-5】 用递归方式定义函数，分别按照从小到大和从大到小的顺序依次输出任意范围内的奇数数列。

分析　根据题意可定义一个双参数函数分别表示上下限，从小到大依次输出时，应从下限开始逐步向上限靠拢，反之亦然，因此两段代码可编辑如下：

```
1  #递增数列
2  def f(m, n):
3      if m<= n:
4          print(m, end=' ')
```

```
5            f(m+2, n)
6    f(1, 20)            #递增输出 20 以内所有奇数
7    #递减数列
8    def f(m, n):
9        if m>= n:
10           print(m, end=' ')
11           f(m-2, n)
12   f(19, 1)            #递减输出 20 以内所有奇数
```

运行结果为：

```
1 3 5 7 9 11 13 15 17 19 19 17 15 13 11 9 7 5 3 1
>>>
```

递归也常被用作解决一些经典案例，如生成斐波那契数列。斐波那契数列由意大利数学家列昂纳多·斐波那契提出，它的构成方式很简单，开头两个数都是 1，从第三个数开始，值为前两数之和。斐波那契数列看似非常平凡，却暗藏玄机。例如，我们以一个点为圆心，以斐波那契数为半径画相切的圆弧，以此类推，这样就构成了完美的螺旋图，如图 3-7 所示。

$F(0)=0, F(1)=1, F(n)=F(n-1)+F(n-2)\ (n\geqslant 2, n\in N^*)$

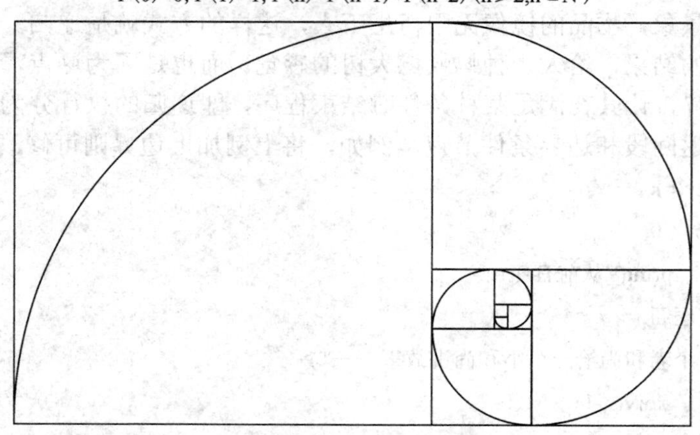

图 3-7　斐波那契螺旋图

这样的构图方式在自然界也很常见，例如在飓风、海螺、松果、凤梨、蜂巢、蜻蜓翅膀和一些树叶、花瓣上都能见到。正是因为与自然界、美学构造有着难以解释的关联，斐波那契数列被数学家、艺术家们所追捧，例如名画蒙娜丽莎的微笑和古希腊建筑中都用到了斐波那契数列构图。数学家们还发现随着 n 的无限增加，相邻两数的比值将无限接近于黄金分割点。当然，斐波那契数列也是编程爱好者热衷的对象。使用递归法便能生成斐波那契数列，参考代码如下：

```
1    #斐波那契数列的递归算法
2    def fib(n):
3        if n <= 1:
```

```
4            return 1
5        else:
6            return fib(n-1) + fib(n-2)
7    for i in range(20):
8            print(fib(i), end=' ')
```

运行结果为：

1 1 2 3 5 8 13 21 34 55 1 1 2 3 5 8 13 21 34 55 89 144 233 377 610 987 1597 2584 4181 6765

>>>

当生成序列长度较短时，可以看到计算速度还是挺快的。但若随着长度增加，计算量会呈非线性增长，例如将上例中的range范围改为100就能明显看到编号20以后的数字生成速度大大降低了。这是因为递归会引起一系列的函数调用，产生一系列的重复计算，执行效率相对较低，并且递归太深容易造成堆栈的溢出。因此，如果能用迭代的算法，则尽量不用递归。斐波那契数列是可以改为迭代的，并且具备迭代的基本特征，由初始值递推出系列值，可以用代码实现如下：

```
1    #斐波那契数列的迭代算法
2    def fib_loop(n):
3        a, b = 1, 1              #定义初始值
4        for i in range(n):
5            a, b = b, a + b      #新值为前两数之和同时自身变为下一数值的前数
6        return a
7    for i in range(20):
8        print(fib_loop(i), end=' ')
```

运行结果与递归算法的结果一致，但执行时可以看出，当生成数目较多时速度优势明显。那么是不是所有的递归都能改为递推呢？并非如此，因为递归中一定有迭代，但是迭代中不一定有递归。大部分递归和迭代可以相互转换，对于不能转换的则只能选择递归，如经典问题汉诺塔。汉诺塔是由一组从下往上依次缩小的塔圈叠放而成，玩法是通过一根中转柱将塔圈转移到另一塔座上，要求满足以下几条规则：

(1) 塔圈从小到大叠放。

(2) 通过中转以到另一塔座上。

(3) 每次只能移一个塔圈。

塔圈必须大的在下小的在上，如图3-8所示。

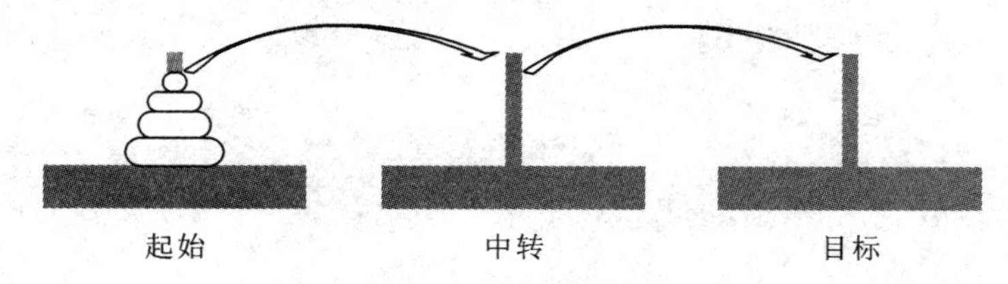

图3-8　汉诺塔转移规则示意图

我们可以从最少圈数开始摸索规律，发现当只有一个圈时，可一步到位，如图 3-9 所示。

图 3-9　只有一个塔圈的汉诺塔转移

当有两个及以上圈时，若圈总数为 n，可将除底部以外的 n-1 个圈通过若干次移动后置于转移柱上，再将最底部塔圈直接移到目标柱上，如图 3-10 所示。

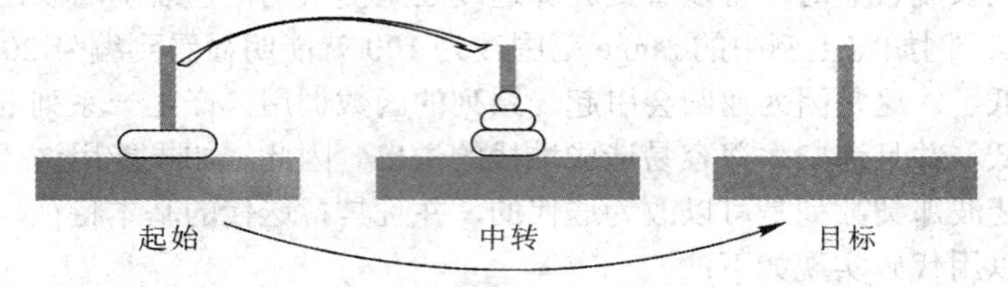

图 3-10　多个塔圈的汉诺塔转移

接下来把起始柱当作转移柱，余下的 n-1 个圈可看作新的汉诺塔重复以上动作，直到 n 变为 1，而这个过程就是典型的递归，可如下实现：

```
1   # 以 b 为中转将 n 层塔圈从 a 移到 c
2   def hanoi(a, b, c, n):
3           if n==1:  #当塔圈数为 1 时，直接将塔圈移到 C
4                   print(a, '->', c)
5           else:
6                   #以 c 为中转将 n-1 层塔圈从 a 移到 b
7                   hanoi(a, c, b, n-1)
8                   print(a, '->', c)
9                   #以 a 为中转将 n-1 层塔圈从 b 移到 c, 完成
10                  hanoi(b, a, c, n-1)
11  n = int(input('你的汉诺塔有几个塔圈: '))
```

运行结果举例：

```
你的汉诺塔有几个塔圈: 3
a -> c
a -> b
c -> b
a -> c
b -> a
b -> c
a -> c
>>>
```

运行结果即转移过程。

5. 回溯算法

回溯算法是一种选优试探法，按选优条件向前搜索，以达到目标。但当探索到某一步，发现原先选择并不优或达不到目标时，退回一步重新选择。这种走不通就退回再走的方法为回溯法，满足回溯条件某个状态的点称为“回溯点”。回溯法的基本思想是，在包含问题所有解的解空间树中，按照深度优先搜索的策略，从根节点出发深度探索解空间树。当探索到某一节点时，先判断该节点是否包含问题的解，如果包含，就从该节点出发继续探索下去，如果该节点不包含问题的解，则逐层向其祖先节点回溯(其实回溯法就是对隐式图的深度优先搜索算法)。若用回溯法求问题的所有解，要回溯到根节点，且根节点所有可行的子树都要被搜索遍才结束。而若使用回溯法求任意一个解，只要搜索到问题的一个解就可以结束。

回溯算法可形象地理解为走迷宫，当一条路不通时折回到最近的岔路口探索另一条路，并将走过的路标记。若该岔路口的所有路都不通，则折返到上一级岔路口并把此路口标记。

著名的八皇后就是回溯算法的经典案例。八皇后由国际西洋棋棋手马克斯·贝瑟尔于1848 年提出：在 8×8 格的国际象棋上摆放八个皇后，使其不能互相攻击，即任意两个皇后都不能处于同一行、同一列或同一斜线上，问有多少种摆法。 高斯认为有 76 种方案。1854 年在柏林的象棋杂志上不同的作者发表了 40 种不同的解，后来有人用图论的方法解出 92 种结果。有了计算机程序后便可用程序计算展示所有方法，而用到的方法正是回溯算法。Python 也可以实现回溯算法，下面的程序可以随机生成正确的八皇后摆法。

```
1   import random
2   #判断横坐标为 x 的一列中纵坐标大于 Y 的位置上是否有皇后
3   def conflict(state, nextX):
4       nextY = len(state)
5       for i in range(nextY):
6           if abs(state[i]-nextX) in (0, nextY - i):
7               return True
8       return False
9   #定义放置皇后的函数，返回其横坐标值
10  def queens(num, state=()):
11      for pos in range(num):
12          if not conflict(state, pos):
13              if len(state) == num - 1:
14                  yield (pos, )
15              else:
16                  for result in queens(num, state + (pos, )):
17                      yield (pos, )+result
```

```
18  #以符号'■'代表皇后，'□'代表空棋盘模拟八皇后格局
19  def prettyprint(solution):
20      def line(pos, length=len(solution)):
21          return '□' * (pos) + '■' + '□'*(length-pos-1)
22      for pos in solution:
23          print(line(pos))
24  for i in range (2):
25      prettyprint(random.choice(list(queens(8))))
26      print('_'*10)
```

运行结果随机生成两种情况：

```
□□□□■□□□
□■□□□□□□
□□□□□■□□
■□□□□□□□
□□□□□□■□
□□□■□□□□
□□□□□□□■
□□■□□□□□

□□□□□□□■
□□□■□□□□
■□□□□□□□
□□■□□□□□
□□□□□■□□
□■□□□□□□
□□□□□□■□
□□□□■□□□
>>>
```

3.5.3 算法举例

经典算法除了上述列举的之外还有很多，大致分为基本算法、数据结构的算法、数论与代数算法、计算几何的算法、图论的算法、动态规划以及数值分析、加密算法、排序算法、检索算法、随机化算法、并行算法、厄米变形模型和随机森林算法等。计算机编程中最常见的算法应用是排序算法，下面介绍几种常用排序算法。

1. 冒泡排序

作为经典的排序方式，冒泡排序取名非常形象，泡泡的体积越大，上浮速度越快。冒泡排序的原理类似淘汰法则，从底部开始比较两个相邻数，较大数向前走一步，再与下一

相邻数比较，层层往上，直到顶部，得到数列中的最大值，浮出水面。余下数再重复相同操作直到最后再无数可比，排序结束。冒泡排序整个过程都在做数的遍历，因此可用 for 循环实现。例如，将 0～9 这 10 个数打乱顺序后重新排序，用冒泡排序法可以这样做：

```
1   def bubbleSortUp(d):
2       '''冒泡排序
3           升序排列'''
4       for i in range(len(d)-1):                  #遍历总趟数
5           for j in range(len(d)-i-1):            #遍历所有数字
6               if d[j]>d[j+1]:                    #当较大数在前面
7                   d[j], d[j+1]=d[j+1], d[j]      #交换两个数的位置
8   import random
9   list1=list(range(10))
10  random.shuffle(list1)
11  print("一组随机数:", list1)
12  bubbleSortUp(list1)
13  print("升序排列结果:", list1)
14  def bubbleSortUp(d):
15      '''冒泡排序
16          升序排列'''
17      for i in range(len(d)-1):                  #遍历总趟数
18          for j in range(len(d)-i-1):            #遍历所有数字
19              if d[j]>d[j+1]:                    #当较小数在前面
20                  d[j], d[j+1]=d[j+1], d[j]      #交换两个数的位置
21  import random
22  list1=list(range(10))
23  random.shuffle(list1)
24  print("一组随机数:", list1)
25  bubbleSortUp(list1)
26  print("降序排列结果:", list1)
```

运行结果为：

```
一组随机数: [7, 6, 3, 1, 2, 9, 0, 8, 5, 4]
升序排列结果: [0, 1, 2, 3, 4, 5, 6, 7, 8, 9]
一组随机数: [1, 0, 9, 4, 8, 6, 5, 2, 3, 7]
升序排列结果: [0, 1, 2, 3, 4, 5, 6, 7, 8, 9]
>>>
```

【例 3-6】 修改上述代码，实现从 0～50 中随机挑选 10 个整数后使用冒泡排序法分别按升序和降序输出。

分析　随机筛选整数并放入列表可用 randint 配合 deque 中的 append 方法实现：

```
1   def bubbleSortDown(d):
2       '''冒泡排序
3           升序排列'''
4       for i in range(len(d)-1):                  #遍历趟数
5           for j in range(len(d)-i-1):             #遍历所有数字
6               if d[j]>d[j+1]:                     #当较大数在前面
7                   d[j], d[j+1]=d[j+1], d[j]       #交换两个数的位置
8   import random
9   from collections import deque
10  s=deque()
11  for i in range(10):
12      s.append(random.randint(0, 50))
13  print("一组随机数:", list(s))
14  list1=list(s)
15  bubbleSortDown(list1)
16  print("降序排列结果:", list1)
17  def bubbleSortDown(d):
18      '''冒泡排序
19          降序排列'''
20      for i in range(len(d)-1):                  #遍历趟数
21          for j in range(len(d)-i-1):             #遍历所有数字
22              if d[j]<d[j+1]:                     #当较小数在前面
23                  d[j], d[j+1]=d[j+1], d[j]       #交换两个数的位置
24  import random
25  from collections import deque
26  s=deque()
27  for i in range(10):
28      s.append(random.randint(0, 50))
29  print("一组随机数:", list(s))
30  list1=list(s)
31  bubbleSortDown(list1)
32  print("降序排列结果:", list1)
```

运行结果为：

```
一组随机数: [0, 8, 11, 0, 14, 25, 21, 9, 1, 36]
升序排列结果: [0, 0, 1, 8, 9, 11, 14, 21, 25, 36]
一组随机数: [21, 48, 23, 49, 47, 36, 0, 29, 48, 27]
```

```
降序排列结果: [49, 48, 48, 47, 36, 29, 27, 23, 21, 0]
>>>
```

从运行结果可看出，大小相同的数会依次排列。

冒泡排序是最简单也是最经典的算法思路，各种主流的程序语言中都有应用。上述程序中使用到两层 for 循环，因此效率为 $O(n^2)$，为低效算法。冒泡排序也可优化，如一趟遍历下来没有产生任何数字交换，说明排序已经完成了，这时直接退出可提高效率。具体操作方法可在 d[j], d[j+1]=d[j+1], d[j]语句后添加交换标志，最后还可返回遍历趟数一遍查看优化情况，将例 3-6 中的降序排列法修改如下：

```
1   def bubbleSortDown(d):
2       '''冒泡排序
3           降序排列'''
4       for i in range(len(d)-1):               #遍历趟数
5           exchange = False                    #初始交换标志
6           for j in range(len(d)-i-1):         #遍历所有数字
7               if d[j]<d[j+1]:                 #当较小数在前面
8                   d[j], d[j+1]=d[j+1], d[j]   #交换两个数的位置
9                   exchange = True             #改变标志
10          if not exchange:                    #如果某一趟没有进行交换，代表排序完成
11              break
12      return i+1
13  import random
14  from collections import deque
15  s=deque()
16  for i in range(10):
17      s.append(random.randint(0, 50))
18  print("一组随机数:", list(s))
19  list1=list(s)
20  bubbleSortDown(list1)
21  a=bubbleSortDown(list1)
22  print("降序排列结果:", list1)
23  print("遍历趟数为：", a)
```

运行结果为：

```
一组随机数: [6, 31, 34, 32, 12, 49, 30, 46, 13, 39]
降序排列结果: [49, 46, 39, 34, 32, 31, 30, 13, 12, 6]
遍历趟数为：1
>>>
```

从实践来看，冒泡排序的优化概率非常小，并不能从根本上提高其效率。

2. 选择排序

从冒泡排序的实践得出所有数都会被遍历 n−1 趟，因此换种思路，先从数列中随机抽取一个数与其余数两两比对，筛选出极值后再从剩余数中随机挑选一个，重复以上过程。整个过程类似打擂台，每次比赛后擂主晋级，其余的再打，直到剩下最后一个，这样的排序方式即为选择排序。同样的，以随机排列的 0～9 这 10 个数排序为例，代码如下：

```
1   def selectSortUp(d):
2       '''选择排序
3           升序排列'''
4       for i in range(len(d)-1):                  #遍历趟数
5           min=i                                  #将最小值索引初始为 i
6           for j in range(i+1, len(d)):           #遍历余下的数以作比对
7               if d[j] < d[min]:                  #与最小值比对
8                   min=j                          #若小于最小值则覆盖
9           d[i], d[min]=d[min], d[i]              #一趟走完后将最小值编号替换为 i
10  import random
11  list1=list(range(10))
12  random.shuffle(list1)
13  print("一组随机数:", list1)
14  selectSortUp(list1)
15  print("升序排列结果:", list1)
16  def selectSortDown(d):
17      '''选择排序
18          降序排列'''
19      for i in range(len(d)-1):                  #遍历趟数
20          max=i                                  #将最大值索引初始为 i
21          for j in range(i+1, len(d)):           #遍历余下的数以作比对
22              if d[j] > d[max]:                  #与最大值比对
23                  max=j                          #若大于最大值则覆盖
24          d[i], d[max]=d[max], d[i]              #一趟走完后将最小值编号替换为 i
25  import random
26  list1=list(range(10))
27  random.shuffle(list1)
28  print("一组随机数:", list1)
29  selectSortDown(list1)
30  print("降序排列结果:", list1)
```

运行结果为：

```
一组随机数: [7, 0, 3, 4, 5, 8, 9, 1, 6, 2]
```

```
升序排列结果: [0, 1, 2, 3, 4, 5, 6, 7, 8, 9]
一组随机数: [9, 7, 8, 2, 1, 0, 3, 5, 6, 4]
降序排列结果: [9, 8, 7, 6, 5, 4, 3, 2, 1, 0]
>>>
```

【例 3-7】 修改上述代码，实现从 0～50 中随机挑选 10 个整数后使用选择排序法分别按升序和降序输出。

分析　与例 3-6 思路相同，只需在调用时做出修改即可。选择排序的效率与冒泡排序一样，当一轮比对下来后均未出现任何数字交换，说明排序已完成，此时可结束循环以提高效率，可采用与冒泡排序相同的方法将代码优化如下：

```
1   def selectSortDown(d):
2       '''选择排序
3           降序排列'''
4       for i in range(len(d)-1):                  #遍历趟数
5           exchange = False                       #初始交换标志
6           max=i                                  #将最大值索引初始为 i
7           for j in range(i+1, len(d)):           #遍历余下的数以作比对
8               if d[j] > d[max]:                  #与最大值比对
9                   exchange = True                #改变标志
10                  max=j                          #若大于最大值则覆盖
11          d[i], d[max]=d[max], d[i]              #一趟走完后将最小值编号替换为 i
12          exchange = True                        #改变标志
13          if not exchange:                       #如果某一趟没有进行交换，代表排序完成
14              break
15      return i+1
16  import random
17  from collections import deque
18  s=deque()
19  for i in range(10):
20      s.append(random.randint(0, 50))
21  print("一组随机数:", list(s))
22  list1=list(s)
23  a=selectSortDown(list1)
24  print("降序排列结果:", list1)
25  print("遍历趟数为：", a)
```

运行结果为：

```
一组随机数:  [31, 11, 46, 1, 25, 39, 32, 37, 10, 41]
降序排列结果:  [46, 41, 39, 37, 32, 32, 25, 11, 10, 1]
```

遍历趟数为: 9

>>>

3. 插入排序

以升序排列为例，假设插入元素初始位置为 i，将 i–1 位置定义为试探位，若试探位元素数值大于插入元素则试探位右移，插入元素左移，插入元素继续与下一试探位做比对，直到被试探元素小于插入元素或者插入元素位于第一位。一轮过后，插入元素与相邻两元素依次完成从小到大排列，直到所有元素完成此操作后排序结束。为了使比对次数尽可能少，插入时须尽量靠前。按照此思路可实现如下:

```
1   def insertSortUp(d):
2       '''选择排序
3           升序排列'''
4       for i in range(1, len(d)):
5           tmp = d[i]                    #第 i 次插入的元素
6           for j in range(i, -1, -1):    #从插入位置往前遍历，直到 d[0]，步长为-1
7               if tmp < d[j - 1]:        #j 为当前位置，试探 j-1 位置
8                   d[j] = d[j - 1]       #交换位置
9               else:                     #不交换且结束比对
10                  break
11          d[j] = tmp                    #将当前位置数还原
12  import random
13  list1=list(range(10))
14  random.shuffle(list1)
15  print("一组随机数:", list1)
16  insertSortUp(list1)
17  print("升序排列结果:", list1)
18  def insertSortDown(d):
19      '''选择排序
20          降序排列'''
21      for i in range(1, len(d)):
22          tmp = d[i]                    #第 i 次插入的基准数
23          for j in range(i, -1, -1):    #从插入位置往前遍历，直到 d[0]，步长为-1
24              if tmp > d[j - 1]:        #j 为当前位置，试探 j-1 位置
25                  d[j] = d[j - 1]       #交换位置
26              else:                     #不交换且结束比对
27                  Break
28          d[j] = tmp                    #将当前位置数还原
29  import random
```

```
30    list1=list(range(10))
31    random.shuffle(list1)
32    print("一组随机数:", list1)
33    insertSortDown(list1)
34    print("降序排列结果:", list1)
```

运行结果为：

```
一组随机数: [8, 2, 7, 4, 1, 3, 0, 9, 6, 5]
升序排列结果: [0, 1, 2, 3, 4, 5, 6, 7, 8, 9]
一组随机数: [7, 8, 9, 4, 0, 1, 3, 6, 2, 5]
降序排列结果: [9, 8, 7, 6, 5, 4, 3, 2, 1, 0]
>>>
```

【例 3-8】 修改上述代码，实现从 0～50 中随机挑选 10 个整数后使用插入排序法分别按升序和降序输出。

分析 思路与例 3-6、例 3-7 一样，修改如下：

```
1     def insertSortUp(d):
2         '''选择排序
3             升序排列'''
4         for i in range(1, len(d)):
5             tmp = d[i]                      #第 i 次插入的元素
6             for j in range(i, -1, -1):      #从插入位置往前遍历，直到 d[0]，步长为-1
7                 if tmp < d[j - 1]:          #j 为当前位置，试探 j-1 位置
8                     d[j] = d[j - 1]         #交换位置
9                 else:                       #不交换且结束比对
10                    Break
11            d[j] = tmp                      #将当前位置数还原
12    import random
13    from collections import deque
14    s=deque()
15    for i in range(10):
16        s.append(random.randint(0, 50))
17    print("一组随机数:", list(s))
18    list1=list(s)
19    insertSortUp(list1)
20    print("升序排列结果:", list1)
21    def insertSortDown(d):
22        '''选择排序
23            降序排列'''
```

```
24          for i in range(1, len(d)):
25              tmp = d[i]                          #第 i 次插入的基准数
26              for j in range(i, -1, -1):          #从插入位置往前遍历，直到 d[0]，步长为-1
27                  if tmp > d[j - 1]:              # j 为当前位置，试探 j-1 位置
28                      d[j] = d[j - 1]             #交换位置
29                  else:                           #不交换且结束比对
30                      Break
31              d[j] = tmp                          #将当前位置数还原
32      import random
33      from collections import deque
34      s=deque()
35      for i in range(10):
36          s.append(random.randint(0, 50))
37      print("一组随机数:", list(s))
38      list1=list(s)
39      insertSortDown(list1)
40      print("降序排列结果:", list1)
```

运行结果为：

```
一组随机数： [44, 21, 27, 6, 41, 42, 26, 17, 28, 1]
升序排列结果： [1, 6, 17, 21, 26, 27, 28, 41, 42, 44]
一组随机数：[25, 16, 42, 36, 5, 30, 15, 9, 23, 4]
降序排列结果： [42, 36, 30, 25, 23, 16, 15, 9, 5, 4]
>>>
```

插入排序与冒泡排序、选择排序的思路有诸多相似之处，效率也一样，都是 $O(n^2)$，属于较低效的算法，因此也会考虑附加节能降耗的方法。当遇特殊情况中途已完成排序时跳出程序不用再进行后面的无谓操作，方法跟前两者一样，这里就不再赘述了。

4. 快速排序

上面采用了三种方式来排序，然而效率都不高，更加优秀的算法呼之欲出，快速排序就是其中一种算法。以升序排列为例，快速排序机制是从数列中随机挑选一个数与其余所有数比对，比其小的置于左边，比其大的置于右边，相等的可左可右。此时数列被一分为二，接下来对分好的两段执行相同操作，执行完毕后数列别分作四段，以此类推直到分无可分。这种算法便是典型的递归。实现如下：

```
1       def quickSortUp(data, left, right):
2           """
3           快速排序(升序)
4           data: 待排序的数据列表
5           left: 初始基准数的索引
```

```
6           right: 基准数右边元素的索引
7           """
8           if left < right:
9               mid = partition(data, left, right)      #分区操作，mid 代表基数所在的索引
10              quickSortUp(data, left, mid-1)         #对基准数前面进行排序
11              quickSortUp(data, mid+1, right)        #对基准数后面进行排序
12      def partition(data, left, right):
13          tmp=data[left]   # 初始基准数
14          while left < right:
15              while left < right and data[right] >= tmp:     #右边的数比基准数大
16                  right-=1                 #保留该数，然后索引往左移动
17              data[left]=data[right]       #否则此时右边数比基数小，则将该数放到基准位置
18              while left < right and data[left] <= tmp:      #右边的数比基准数小
19                  left+=1                  #此时保持该数位置不动，索引往前移动
20              data[right]=data[left]       #否则此时左边的数比基数大，则将该数放到右边
21          data[left] = tmp                 #最后将基准数量放回中间
22          return left                      #返回基准数位置
23      import random
24      list1=list(range(10))
25      random.shuffle(list1)
26      print("一组随机数:", list1)
27      quickSortUp(list1, 0, len(list1)-1)    #初始基准数尽量靠左，即索引选 0 最好
28      print("升序排列结果:", list1)
```

运行结果为：

```
一组随机数: [1, 8, 9, 2, 5, 7, 4, 3, 6, 0]
升序排列结果: [0, 1, 2, 3, 4, 5, 6, 7, 8, 9]
>>>
```

降序排列只需要对判断表达式做修改：

```
1       def quickSortDown(data, left, right):
2           """
3           快速排序(降序)
4           data: 待排序的数据列表
5           left: 初始基准数的索引
6           right: 基准数右边元素的索引
7           """
8           if left < right:
9               mid = partition(data, left, right)      #分区操作，mid 代表基数所在的索引
```

```
10            quickSortDown(data, left, mid-1)     #对基准数前面进行排序
11            quickSortDown(data, mid+1, right)  #对基准数后面进行排序
12  def partition(data, left, right):
13      tmp=data[left]  #初始基准数
14      while left < right:
15          while left < right and data[right] <= tmp:   #右边的数比基准数小
16              right-=1                #保留该数，然后索引往左移动
17          data[left]=data[right]      #否则此时右边数比基数小，则将该数放到基准位置
18          while left < right and data[left] >= tmp:    #右边的数比基准数大
19              left+=1                 #此时保持该数位置不动，索引往前移动
20          data[right]=data[left]      #否则此时左边的数比基数大，则将该数放到右边
21      data[left] = tmp                #最后将基准数量放回中间
22      return left                     #返回基准数位置
23  import random
24  list1=list(range(10))
25  random.shuffle(list1)
26  print("一组随机数:", list1)
27  quickSortDown(list1, 0, len(list1)-1)  #初始基准数尽量靠左，即索引选 0 最好
28  print("降序排列结果:", list1)
```

运行结果为：

```
一组随机数：  [2, 3, 1, 9, 0, 8, 4, 6, 7, 5]
降序排列结果：[9, 8, 7, 6, 5, 4, 3, 2, 1, 0]
>>>
```

【例 3-9】 修改上述代码，实现从 0～50 中随机挑选 10 个整数后使用快速排序法分别按升序和降序输出。

分析　思路与前面各例相同，修改如下：

```
1   def quickSortUp(data, left, right):
2       """
3       快速排序(升序)
4       data: 待排序的数据列表
5       left: 初始基准数的索引
6       right: 基准数右边元素的索引
7       """
8       if left < right:
9           mid = partition(data, left, right)      #分区操作，mid 代表基数所在的索引
10          quickSortUp(data, left, mid-1)          #对基准数前面进行排序
11          quickSortUp(data, mid+1, right)         #对基准数后面进行排序
```

```
12  def partition(data, left, right):
13      tmp=data[left]   #初始基准数
14      while left < right:
15          while left < right and data[right] >= tmp:    #右边的数比基准数大
16              right-=1             #保留该数，然后索引往左移动
17          data[left]=data[right]    #否则此时右边数比基数小，将该数放到基准位置
18          while left < right and data[left] <= tmp:    #右边的数比基准数小
19              left+=1              #此时保持该数位置不动，索引往前移动
20          data[right]=data[left]    #否则此时左边的数比基数大，将该数放到右边
21      data[left] = tmp             #最后将基准数量放回中间
22      return left                  #返回基准数位置
23  import random
24  from collections import deque
25  s=deque()
26  for i in range(10):
27      s.append(random.randint(0, 50))
28  print("一组随机数:", list(s))
29  list1=list(s)
30  quickSortUp(list1, 0, len(list1)-1)   #初始基准数尽量靠左，即最好索引选 0
31  print("升序排列结果:", list1)
```

运行结果为：

```
一组随机数: [16, 17, 48, 16, 16, 26, 10, 48, 21, 33]
升序排列结果: [10, 16, 16, 16, 17, 21, 26, 33, 48, 48]
>>>
```

```
1   def quickSortDown(data, left, right):
2       """
3       快速排序(降序)
4       data: 待排序的数据列表
5       left: 初始基准数的索引
6       right: 基准数右边元素的索引
7       """
8       if left < right:
9           mid = partition(data, left, right)         #分区操作，mid 代表基数所在的索引
10          quickSortDown(data, left, mid-1)        #对基准数前面进行排序
11          quickSortDown(data, mid+1, right)     #对基准数后面进行排序
```

```
12  def partition(data, left, right):
13      tmp=data[left]    #初始基准数
14      while left < right:
15          while left < right and data[right] >= tmp:  #右边的数比基准数小
16              right-=1                               #保留该数，然后索引往左移动
17          data[left]=data[right]           #否则此时右边数比基数小，将该数放到基准位置
18          while left < right and data[left] <= tmp:  #右边的数比基准数大
19              left+=1                      #此时保持该数位置不动，索引往前移动
20          data[right]=data[left]           #否则此时左边的数比基数大，将该数放到右边
21      data[left] = tmp                     #最后将基准数量放回中间
22      return left                          #返回基准数位置
23  import random
24  list1=list(range(10))
25  random.shuffle(list1)
26  from collections import deque
27  s=deque()
28  for i in range(10):
29      s.append(random.randint(0, 50))
30  print("一组随机数:", list(s))
31  list1=list(s)
32  quickSortDown(list1, 0, len(list1)-1)       #初始基准数尽量靠左，即最好索引选 0
33  print("降序排列结果:", list1)
```

运行结果为：

```
一组随机数: [35, 14, 14, 22, 39, 45, 21, 25, 40, 30]
降序排列结果: [45, 40, 39, 35, 30, 25, 22, 21, 14, 14]
>>>
```

快速排序的效率为 $O(n\log n)$，是一种较为高效的排序法。

5. 堆排序

简单来说堆排序就是利用堆的特性排序。以升序为例首先将数据列表建立为最大堆，去掉堆顶元素(最大值)，将余下元素通过上浮或下沉等操作调整重新还原为最大堆，递归执行直到堆为空则排序完成。

具体实现参考程序如下：

```
1  def siftMax(data, low, high):
2      """
3      调整堆函数(最大堆)
4      data: 带排序的数据列表
```

```
5        low: 值较小的节点的位置，可以理解为是根节点
6        值较大的节点的位置
7        """
8        i = low
9        j = 2 * i   #父节点 i 所对应的左孩子
10       tmp = data[i]   #最较小节点的值
11       while j <= high:
12           if j < high and data[j] < data[j + 1]:    #比较左右节点
13               j += 1   # 指向右节点
14           if tmp < data[j]:
15               data[i] = data[j]                    #将该节点上浮最为新的父节点
16               i = j                                #调整该节点的双亲的位置
17               j = 2 * i
18           else:
19               break              #代表本次调整已经完成且节点 i 已空
20       data[i] = tmp              #最后将被调整节点的值放到 i 节点上(空出的位置)
21   def heap_sort(data):
22       """
23       堆排序
24       """
25       n = len(data)
26       for i in range(n // 2 - 1, -1, -1):
27           siftMax(data, i, n - 1)
28       #构建堆
29       for i in range(n - 1, -1, -1):                #调整过程，从最后一个元素开始交换
30           data[0], data[i] = data[i], data[0]       #交换
31           siftMax(data, 0, i - 1)                   #开始调整
```

运行结果为：

```
一组随机数: [24, 47, 22, 2, 39, 37, 13, 33, 42, 4]
升序排列结果: [2, 4, 13, 22, 24, 33, 37, 39, 42, 47]
>>>
```

```
1    def siftMin(data, low, high):
2        """
3        调整堆函数(最小堆)
4        data: 带排序的数据列表
5        low: 值较小的节点的位置，可以理解为是根节点
6        值较大的节点的位置
```

```
7        """
8        i = low
9        j = 2 * i                                  #父节点 i 所对应的左孩子
10       tmp = data[i]                              #取较大节点的值
11       while j <= high:
12           if j < high and data[j] > data[j + 1]: #比较左右节点
13               j += 1                             #指向右节点
14           if tmp > data[j]:
15               data[i] = data[j]                  #将该节点上浮最为新的父节点
16               i = j                              #调整该节点的双亲的位置
17               j = 2 * i
18           else:
19               break                      #代表本次调整已经完成且节点 i 已空
20       data[i] = tmp                      #最后将被调整节点的值放到 i 节点上(空出的位置)
21   def heap_sort(data):
22       """
23       堆排序
24       """
25       n = len(data)
26       for i in range(n // 2 - 1, -1, -1):
27           siftMin(data, i, n - 1)
28       # 构建堆
29       for i in range(n - 1, -1, -1):             #调整过程，从最后一个元素开始交换
30           data[0], data[i] = data[i], data[0]    #交换
31           siftMin(data, 0, i - 1)                #开始调整
```

运行结果为：

```
一组随机数: [47, 40, 17, 2, 25, 13, 19, 7, 44, 41]
降序排列结果: [47, 44, 41, 40, 25, 19, 17, 13, 7, 2]
>>>
```

堆排序的效率为 $O(n\log n)$，也是一种较为高效的排序方式。

6. 归并排序

归并即合并的意思，因此排序对象为两个序列，排序前先申请空间，大小为两数列之和。设定两个索引，初始位置分别为两个已经排序序列的起始位置，比较两个索引所指向的元素，选择相对小的元素放入到合并空间，并移动索引到下一位置。下面举例说明。

第一步：将一组数拆分成两段 List1 和 List2，并按升序排好。申请一新空间 ListN，长度为 List1 和 List2 长度之和，准备装排好的元素，如图 3-11 所示。

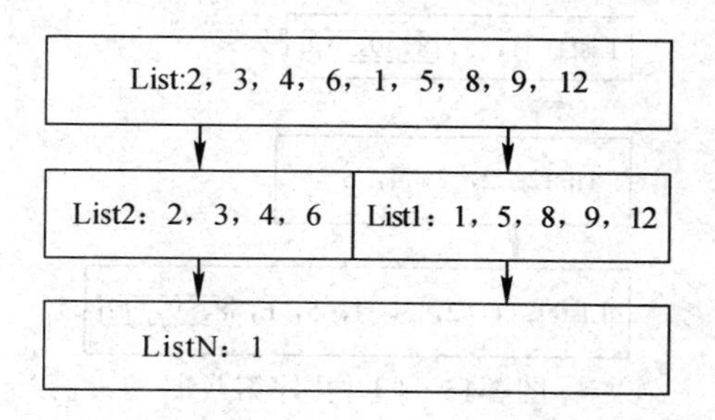

图 3-11　归并排序第一步

第二步：设定两个索引初始都位于 List1 和 List2 起点，则索引所指元素分别为 1 和 2，比对结果 1 小，将 1 置于新空间 ListN。List1 索引右移一位，List2 索引不动，如图 3-12 所示。

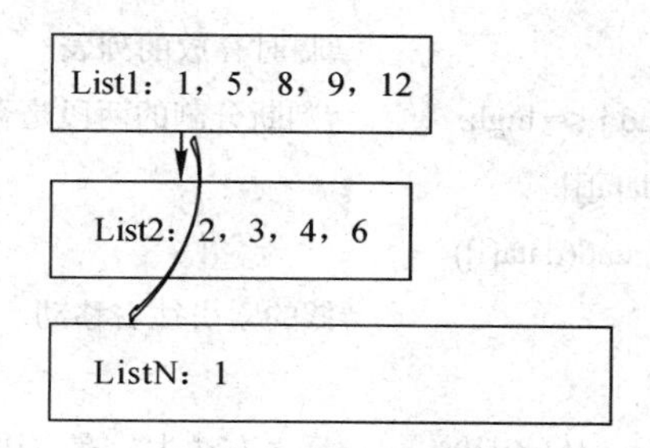

图 3-12　归并排序第二步

第三步：此时两索引所指元素分别为 5 和 2，比对结果 2 小，将 2 置于新空间 ListN。List2 索引右移一位，List1 索引不动，如图 3-13 所示。

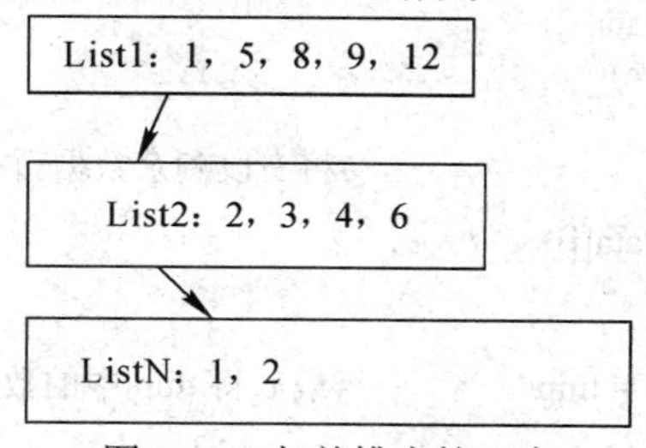

图 3-13　归并排序第三步

第四～七步：重复以上动作直到 8 与 6 比对，6 小，将 6 填入 ListN，此时 List2 的索引已到最末端，不再移动，如图 3-14 所示。

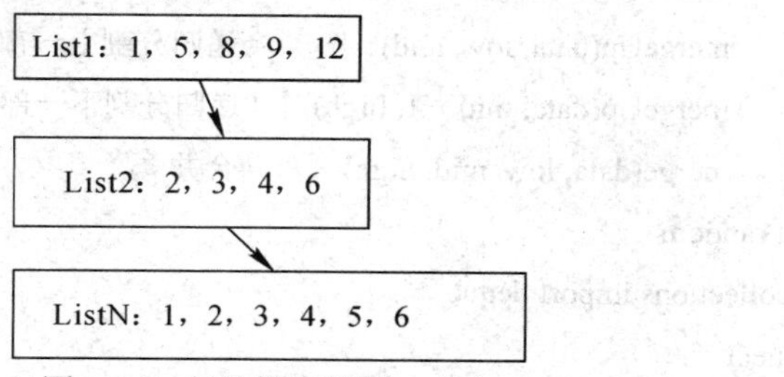

图 3-14　归并排序第四～七步

第八步：List1 还余下 8、9、12，悉数并入新空间，在末尾依次排列，排序完成，如图 3-15 所示。

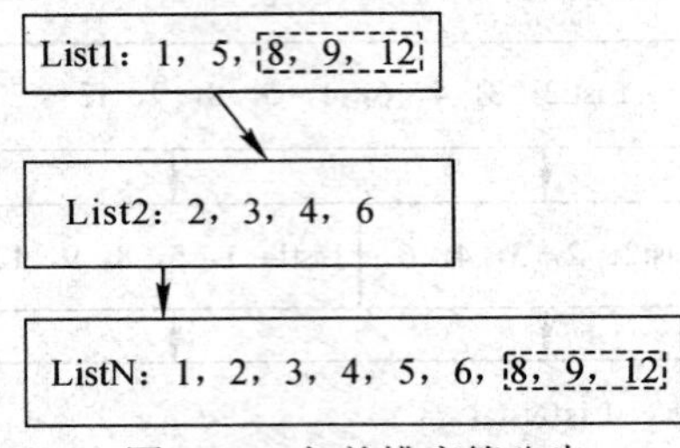

图 3-15　归并排序第八步

下面来看看程序的实际操作过程：

```
1   def merge(data, low, mid, high):            #分割数据并分别排序
2       i = low                                 #左段数据初始索引
3       j = mid + 1                             #右段数据初始索引
4       tmp = []                                #临时存放的列表
5       while i <= mid and j <= high:           #判断分割的两段是否为空
6           if data[i] < data[j]:
7               tmp.append(data[i])
8               i += 1                          #低的索引往右移动
9           else:
10              tmp.append(data[j])             #反之右边大，存右边的数
11              j += 1                          #同时索引右移动
12      while i <= mid:                         #将左段剩余数据暂存
13          tmp.append(data[i])
14          i += 1
15      while j <= high:                        #将右段剩余数据暂存
16          tmp.append(data[j])
17          j += 1
18      data[low:high + 1] = tmp                #最后将 tmp 中的数归并入新序列末尾
19  def mergeUp(data, low, high):
20      if low < high:  #至少有两个元素才进行
21          mid = (low + high) // 2             #分割
22          mergeUp(data, low, mid)             #递归分割上一部分
23          mergeUp(data, mid + 1, high)        #递归分割下一部分
24          merge(data, low, mid, high)         #合并
25  import random
26  from collections import deque
27  s=deque()
28  for i in range(10):
29      s.append(random.randint(0, 50))
```

```
30    print("一组随机数:", list(s))
31    list1=list(s)
32    mergeUp(list1, 0, len(list1) - 1)
33    print("升序排列结果:", list1)
```

运行结果为：

```
一组随机数: [45, 7, 4, 47, 12, 19, 15, 17, 36, 41]
升序排列结果: [4, 7, 12, 15, 17, 19, 36, 41, 45, 47]
>>>
```

同理，降序排序方法如下：

```
1     def merge(data, low, mid, high):          #分割数据并分别排序
2         i = low                               #左段数据初始索引
3         j = mid + 1                           #右段数据初始索引
4         tmp = []                              #临时存放的列表
5         while i <= mid and j <= high:         #判断分割的两段是否为空
6             if data[i] > data[j]:
7                 tmp.append(data[i])
8                 i += 1                        #高的索引往右移动
9             else:
10                tmp.append(data[j])           #反之左边大，存左边的数
11                j += 1                        #同时索引右移动
12        while i <= mid:                       #将左段剩余数据暂存
13            tmp.append(data[i])
14            i += 1
15        while j <= high:                      #将右段剩余数据暂存
16            tmp.append(data[j])
17            j += 1
18        data[low:high + 1] = tmp                   #最后将 tmp 中的数归并入新序列末尾
19    def mergeUp(data, low, high):
20        if low < high:                             #至少有两个元素才进行
21            mid = (low + high) // 2                #分割
22            mergeUp(data, low, mid)                #递归分割上一部分
23            mergeUp(data, mid + 1, high)           #递归分割下一部分
24            merge(data, low, mid, high)            #合并
25    import random
26    from collections import deque
27    s=deque()
28    for i in range(10):
```

```
29        s.append(random.randint(0, 50))
30    print("一组随机数:", list(s))
31    list1=list(s)
32    mergeUp(list1, 0, len(list1) - 1)
33    print("降序排列结果:", list1)
```

运行结果为：

```
一组随机数: [30, 30, 48, 20, 43, 48, 43, 37, 36, 2]
降序排列结果: [48, 48, 43, 43, 37, 36, 30, 30, 20, 2]
>>>
```

归并排时间效率为 $O(n\log n)$，空间复杂度为 $O(n)$，因为需要空间分割。

7. 希尔排序

希尔排序实质是分段插入排序，是针对直接插入排序算法的改进，又称缩小增量排序。先取一个小于 n 的整数 d1 作为第一个增量，把文件的全部记录分成 d1 个组。所有距离为 d1 的倍数的记录放在同一个组中。在各组内进行插入排序。然后，取第二个增量 d2<d1。重复上述分组和排序，直至所取的增量 dt=1(dt<dt−l<…<d2<d1)，即所有记录放在同一组中进行直接插入排序为止。下面用图示进行说明。

第一步：取 3 为第一个增量，则背景涂色相同的为一组，在组内进行插入排序，如图 3-16 所示。

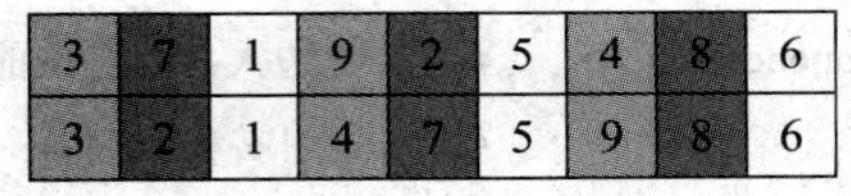

3	7	1	9	2	5	4	8	6
3	2	1	4	7	5	9	8	6

图 3-16　希尔排序第一步

第二步：取 2 为第二个增量，则背景涂色相同的为一组，在组内进行插入排序，如图 3-17 所示。

3	2	1	4	7	5	9	8	6
1	2	3	4	6	5	7	8	9

图 3-17　希尔排序第二步

第三步：取 1 为第三个增量，此时所有数据为一组，在组内进行插入排序，而此时只有 5 和 6 需要交换位置则完成最终排序，如图 3-18 所示。

1	2	3	4	6	5	7	8	9
1	2	3	4	5	6	7	8	9

图 3-18　希尔排序第三步

编程实现如下：

```
1    def shellSortUp(data):            #升序
2        d1 = len(data) // 2            #设第 1 个增量
3        while d1 > 0:
4            for i in range(d1, len(data)):
5                tmp = data[i]                      #当前元素
```

```
6              j = i - d1                          #同一组的前一个元素
7              while j >= 0 and tmp < data[j]:     #比对
8                  data[j + d1] = data[j]          #后移
9                  j -= d1                         #前移
10             data[j + d1] = tmp
11         d1 //= 2                                #继续分组
12 import random
13 from collections import deque
14 s=deque()
15 for i in range(10):
16     s.append(random.randint(0, 50))
17 print("一组随机数:", list(s))
18 list1=list(s)
19 shellSortUp(list1)
20 print("升序排列结果:", list1)
```

运行结果为：

```
一组随机数: [3, 48, 10, 31, 50, 44, 36, 7, 8, 19]
升序排列结果: [3, 7, 8, 10, 19, 31, 36, 44, 48, 50]
>>>
```

略作修改便能实现降序排序：

```
1  def shellSortUp(data):                          #降序
2      d1 = len(data) // 2                         #设第 1 个增量
3      while d1 > 0:
4          for i in range(d1, len(data)):
5              tmp = data[i]                       #当前元素
6              j = i - d1                          #同一组的前一个元素
7              while j >= 0 and tmp > data[j]:     #比对
8                  data[j + d1] = data[j]          #后移
9                  j -= d1                         #前移
10             data[j + d1] = tmp
11         d1 //= 2                                #继续分组
12 import random
13 from collections import deque
14 s=deque()
15 for i in range(10):
16     s.append(random.randint(0, 50))
17 print("一组随机数:", list(s))
```

```
18    list1=list(s)
19    shellSortUp(list1)
20    print("降序排列结果:", list1)
```

运行结果为：

```
一组随机数: [29, 38, 7, 35, 41, 15, 43, 29, 11, 40]
降序排列结果: [43, 41, 40, 38, 35, 29, 29, 15, 11, 7]
>>>
```

希尔排序的效率与增量有关，为 $O(n1+\delta)$，其中 $0<\delta<1$，如增量为 2k−1，复杂度为 $O(n^3/2)$。

以上为常用的排序方式，多种计算机语言都能实现，从效率高低、逻辑复杂度、代码量上来看各有千秋，可根据实际情况和自我喜好选择合适的排序法。

习　题　三

3.1　枚举出用 8、3、7 三个数组成的所有除法算式(数字可重复使用)。参考输出结果如下：

```
8÷88=  88÷8=  8÷83=  88÷3=  8÷87=  88÷7=
8÷38=  83÷8=  8÷33=  83÷3=  8÷37=  83÷7=
8÷78=  87÷8=  8÷73=  87÷3=  8÷77=  87÷7=
3÷88=  38÷8=  3÷83=  38÷3=  3÷87=  38÷7=
3÷38=  33÷8=  3÷33=  33÷3=  3÷37=  33÷7=
3÷78=  37÷8=  3÷73=  37÷3=  3÷77=  37÷7=
7÷88=  78÷8=  7÷83=  78÷3=  7÷87=  78÷7=
7÷38=  73÷8=  7÷33=  73÷3=  7÷37=  73÷7=
7÷78=  77÷8=  7÷73=  77÷3=  7÷77=  77÷7=
>>>
```

3.2　甲子纪年是中国的文化瑰宝，试利用字典编写程序，实现输入出生年份(公历)，推算出对应的甲子年号和生肖。参考输出结果如下：

```
请输入你的出生年份：2020
这一年是庚子年，你的生肖是鼠
>>>
```

3.3　将一条长为 n 的绳子拆成三段，每段长度须为整数，将三段围成三角形，试枚举出所有的可能情况并去重。以长度 10 为例，参考输出结果如下：

```
三角形的三边长可分别为:
2, 4, 4   3, 4, 3
>>>
```

3.4　用递归方式定义函数，分别按照从小到大和从大到小的顺序依次输出任意范围内的等比数列，且默认等比为 2。以 1～100 等比为 3 的数列为例，参考输出结果如下：

```
1  3  9  27  81  81  27  9  3  1
>>>
```

3.5　从 0～50 中随机挑选 10 个整数予以展示，再去重后使用快速排序法分别按升序和降序排序。参考输出结果如下：

```
一组随机数: [4, 4, 29, 47, 20, 34, 6, 3, 44, 16]
升序排列结果: [3, 4, 6, 16, 20, 29, 34, 44, 47]
>>>
```

第四章　Python 图形编程模块 Turtle

4.1　Turtle　基　础

从冷冷的代码一路走来不免索然乏味，烧脑有余而观感不足，唯一能带来视觉享受的也不过是用字符拼凑出的简笔画，例如，第一章中的菱形或者将图片转成类似如下的字符图案：

```
/oo\\__________
  \  /          \---\
\/          /    \    \
     \\_|____\\_|/       *
            || YY|
            ||    ||
```

字符画可以由艺术大师创作也可以用代码绘制，要将一张图片转为字符画则需要安装 Python 的第三方库 PIL(Pillow)。PIL 是一个强大且有意思的库，感兴趣的读者可以查询相关资料了解，而今天要给大家介绍的是 Python 的标准库 Turtle，也叫海龟模块，因为开发者把画笔做成了海龟形象，给人的感觉就像是一只海龟在画布上爬行作画。

打开 IDLE，试试运行以下代码：

```
1  from turtle import *
2      shape("turtle")
3  penup()
4      goto(0, 0)
5  pendown()
6  fillcolor('green')
7  write('Hello, World!', align="right", font=("微软雅黑", 18, "bold"))
8  done()
```

运行代码会看到一只绿色小海龟跃然纸上，并写出“Hello, World!”。

4.1.1　Turtle 简介

海龟作图的地方不是 shell，而是弹出了一个新的窗口“Python Turtle Graphics”，这就是 Turtle 的画布窗口，简称窗口。窗口有初始尺寸，也可自定义大小。窗口可点击最大化，以中心位置为原点，直角坐标系则可定位屏幕上的任意一点，按照上述代码，海龟所处位置即为原点，如图 4-1 所示。

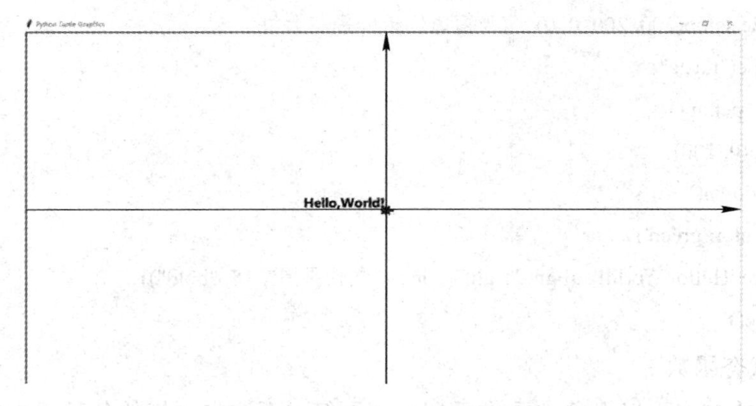

图 4-1　turtle 绘图窗口

4.1.2　Turtle 内嵌函数

调用 Turtle 有三种方式 ：

(1) import turtle：此时调用函数方式为 turtle.函数名()。

(2) import turtle as t：此时调用函数方式为 t.函数名()。

(3) from turtle import *：此时调用函数方式为函数名()。

根据情况可选择不同的调用方式。例如，前面的示例代码用的第三种方式，可使代码更加简洁，但并非所有场景都适合，当需要多个海龟分别作图时，则需要使用第二种方式。

在使用 Turtle 模块前须认识其内嵌函数，turtle 库包含 100 多个功能函数，主要包括窗体函数、画笔状态函数和画笔运动函数 3 类。

1. 窗体函数

turtle 库的 turtle.setup()函数与窗体有关，用来设置主窗体的大小和位置，调用方式如下：

turtle.setup(width，height，startx，starty)

其中的四个参数 width、height、startx、starty 定义如下：

(1) width：窗口宽度，即横向尺寸。若值为整数，则表示像素值；若值为小数，则表示窗口宽度与屏幕的比例；如果值为 None，则默认值为 800。

(2) height：窗口高度，即纵向尺寸。若值为整数，则表示像素值；若值为小数，则表示窗口高度与屏幕的比例；如果值为 None，则默认值为 600。

(3) startx：窗口左侧与电脑屏幕左侧的像素距离。如果值为 None，则表示窗口位于屏幕水平中央。

(4) starty：窗口顶部与屏幕顶部的像素距离。如果值为 None，则表示窗口位于屏幕垂直中央。

从 startx 和 starty 的描述中可知，两参数值若均为 0，则表示窗口位于屏幕左上角。四个参数都为默认参数，可传可不传。在前面的示例代码中添加一条窗口设置语句，会看到窗口尺寸变小同时位置变为屏幕左上角：

```
1  from turtle import *
2  turtle.setup(200, 200, 0, 0)      #窗口位于屏幕左上角
3  shape("turtle")
4      penup()
5  goto(0, 100)
6  pendown()
7  fillcolor('green')
8  write('Hello, World!', align="right", font=("微软雅黑", 18, "bold"))
9  done()
```

2. 画笔状态函数

海龟作图的方式可以形象地看作手握一支画笔，而这支画笔的各种状态则决定了绘画结果，下面梳理下相关函数，如表 4-1 所示。

表 4-1　画笔状态函数

函 数 名	描　　述
enup() (pu()或 up())	抬笔
pendown() (pd()或 down())	落笔
pensize()或 width()	画笔粗细
pencolor(string)或 pencolor((r, g, b))	画笔颜色，string 为颜色名，rgb 为 RGB 色数值
fillcolor(string)或 fillcolor((r, g, b))	填充颜色
color(string1, string2) (color((r1, g1, b1), (r2, g2, b2)))	画笔及填充颜色
begin_fill()	图形填充开始
end_fill()	图形填充结束
filling()	返回填充状态，True 为填充，False 为未填充
screensize(width, height, bgcolor)	设置画布宽度、高度及背景颜色
hideturtle()	隐藏画笔的 turtle 形状
shape()	海龟形状，默认为箭头，可用图片做其形状
showturtle()	显示画笔的 turtle 形状
isvisible()	如果 turtle 可见，则返回 True
write(str, font=("name", size, "type"))	输出 font 字体的字符串 str
bgcolor()	设置窗口背景色
bgpic()	设置窗口背景图
tracer()	追踪海龟，为空表示不追踪，为 0 表示跳过绘图过程且海龟固定于指定位置不动，为非表示追踪海龟所在位置，数值越高追得海龟跑得越快

3. 画笔运动函数

原地不动是无法作画的，因此还得配合画笔运动，表 4-2 所示是一些常用的画笔运动函数。

表 4-2　画笔运动函数

函 数 名	描　述
forward()	沿着当前方向前进指定距离
backward()	沿着相反方向前进指定距离
right(angle)	向右旋转 angle 角度
left(angle)	向左旋转 angle 角度
goto(x, y)	移动到指定位置
setx(x)	修改画笔的横坐标到 x，纵坐标不变
sety(y)	修改画笔的纵坐标到 y，横坐标不变
Setheading(seth())	画笔朝向，0 为正东方，90 为正北方
home()	画笔回到原点，朝向右
circle(r, e)	绘制半径为 r，角度为 e 的弧形(r 为正数时半径在小海龟左侧)
dot(r, c)	绘制半径为 r，颜色为 c 的原点
undo()	撤销画笔最后一步动作
speed()	设置画笔绘制速度，参数为整型，数字越大速度越快
done()	画笔停留，一般用作程序
clear()	清空当前窗口，但不改变当前画笔位置
reset()	清空当前窗口，并重置状态为默认值

接下来可以尝试用海龟画一些简单图形。

【例 4-1】 试在窗口任意位置画一个边长为 50 的正方形，边框为黑色，填充黄色。

分析　若使用默认窗口则位置范围须在画布坐标规定范围以内。可以考虑还原整个画画流程的方式来作此图形，那么可以将画正方形的流程图梳理为：抬笔(若去掉此动作则会出现拖痕)——寻找随机落笔点——落笔——前进 50，右转(或左转)90 度(此动作重复 4 遍)。最后考虑边框和填充颜色，代码完成如下：

```
1  from turtle import *
2  import random
3  penup()
4      goto(random.randint(-400, 400), random.randint(-300, 300))
5  pendown()
6  fillcolor('yellow')
7  pencolor('black')
8  begin_fill()          #填充开始
9  i = 0                 #开始画正方形
```

```
10  while i < 4:
11      forward(50)
12      right(90)
13      i = i + 1
14  end_fill()            #填充结束
15  done()
```

运行后可以看到整个作画过程和最终结果如图 4-2 所示。

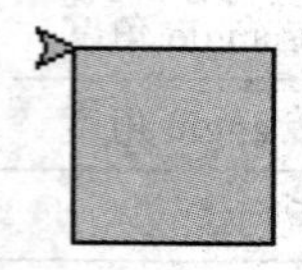

图 4-2　例 4-1 运行结果

上述代码结尾的 done()去掉后也不会影响效果，但这是种编程习惯，有始有终表示本次作画结束画笔停留不再动。另外，在编程复杂程序时，这个细微动作的作用会彰显出来，比如 done()将返回画笔的坐标，对其他关联程序是有用的。

【例 4-2】 试着画一个粉色爱心图案。

分析　画爱心的方式很多，笔者挑选了一种最简单的几何拼接图案，由一个正方形加两个半圆，如图 4-3 所示。

图 4-3　例 4-2 运行结果

从图中可看出，画笔从正方形下方顶点出发，朝两点钟方向做一条直线，长度任意，例如取值 120，接着作一条半径为 60 的半圆弧，结束后画笔方向朝 7 点钟方向，于是需顺时针旋转 90 度，接着再作一条半径为 60 的半圆弧，最后作一条长度为 120 的直线，封闭图形。代码完成如下：

```
1  from turtle import *
2  pencolor('pink')
3  fillcolor('pink')
4  begin_fill()
5  left(45)              #从初始方向逆时针转 45°
6  forward(120)          #画一条正方形的边
7  circle(60, 180)       #画第一条半圆弧
8  right(90)             #顺时针转 90 度
```

```
9    circle(60, 180)       #画第二条半圆弧
10   forward(120)          #画第二条直线边
11   end_fill()
12   penup()
13   hideturtle()          #隐藏画笔
14   done()
```

运行结果如图 4-4 所示。

图 4-4　粉色桃心运行结果

粉色爱心跃然纸上，其中隐藏画笔是出于细节考虑，否则如此可爱的爱心图案上出现箭头符号就大煞风景了。

4.2　Turtle 静态项目

简单的图画无法彰显 Turtle 的强大功能，接下来我们通过综合项目具体来看看 Turtle 能做出哪些有意思的平面艺术作品。

4.2.1　繁星满天

你有在夏天的夜晚仰望过星空吗？浩瀚的宇宙中点点繁星洒落天际，闪烁的恒星、明亮的行星，虽然发出的分明是单调的白光，但映衬在漆黑的天幕上给人五彩缤纷的感觉。试想一只海龟爬上天幕，画出一颗颗大小各异色彩斑斓的星星会是怎样一番景象呢？一起来感受下吧。

首先需要画出五角星，如图 4-5 所示为两种不同的作图思路。

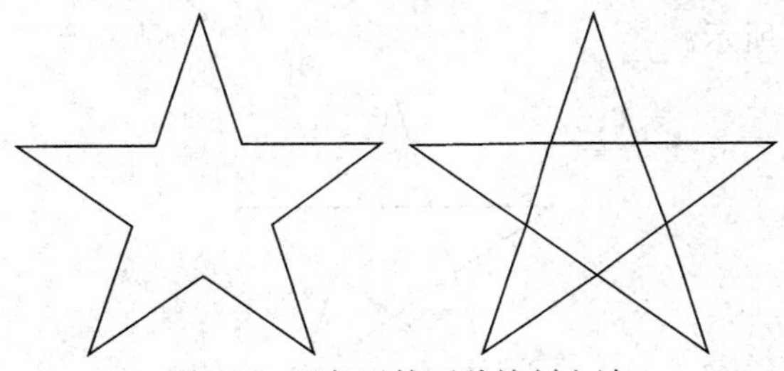

图 4-5　五角形的两种绘制方法

先看第一种思路(左图)，共有十条线段，每条线段长度相同，从箭头处出发，按平面

几何多边形内角关系可知，画第一条线后顺时针转 144 度，画第二条线后逆时针转 72 度，之后重复执行五遍。代码实现如下：

```
1  from turtle import *
2  for i in range(5):
3      forward(50)
4      right(144)
5      forward(50)
6      left(72)
7  penup()
8  hideturtle()
9  done()
```

运行结果如图 4-6 所示。

图 4-6　方法一绘制五角星代码运行结果

再看第二种思路(右图)，共有五条线段，每条线段长度相同，从箭头处出发，按平面几何多边形内角关系可知，画第一条线后顺时针转 144 度，画第二条线后仍然顺时针旋转 144 度，之后重复。第二种方法显然比第一种方法更简单了，要画出跟之前一样大小的五角星则须利用勾股定理计算，各条线段长约为 130。代码实现如下：

```
1  from turtle import *
2  for i in range(5):
3      forward(50)
4      right(144)
5  penup()
6  hideturtle()
7  done()
```

运行结果如图 4-7 所示。

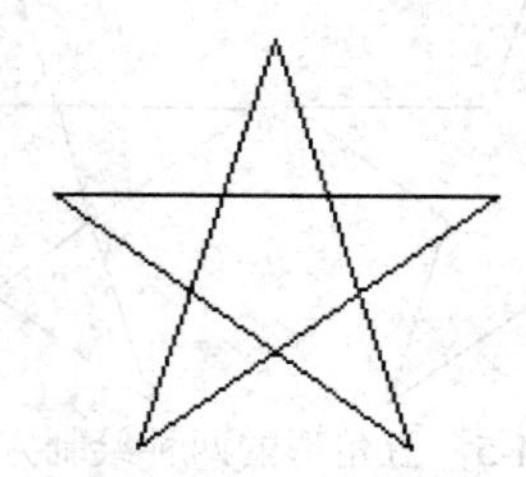

图 4-7　方法二绘制五角星代码运行结果

接下来完成颜色填充，大小和位置随机即可，代码实现如下：

```
1   from turtle import *
2   import random
3   tracer(0)                    #跳过整个绘画过程
4   bgcolor('black')             #黑色背景代表夜空
5   colors =    ['red', 'blue', 'yellow', 'green', 'pink', 'white', 'orange', 'purple']
6   for i in range(100):         #画 100 颗星星
7       penup()
8       goto((random.randint(-300, 300), random.randint(-300, 300)))
9       color(colors[i % 8])
10      pendown()
11      fillcolor(colors[i % 8])
12      begin_fill()
13      n=random.randint(5, 30)
14      for k in range(5):
15          right(144)
16          forward(n)
17      end_fill()
18  done()
```

运行结果如图 4-8 所示。

图 4-8　绘制星空代码运行结果

其中，位置尺寸都用了随机数，而颜色用依次遍历列表的方式，当然也可以改为随机。另外，考虑到夜晚故将背景色设为了黑色，并用 tracer(0)跳过了整个绘画过程。

4.2.2　螺旋之美

说到螺旋，自然会想到斐波那契。在此之前，我们先来看看普通螺旋线可以怎么画呢？

螺旋线也称渐开线，即半径逐渐增加，因此只要满足这一特性都能画出螺旋线，例如：

```
1   import random
2   from turtle import *
3   speed(50)
4   hideturtle()
5   for i in range(20):
6         pendown()
7         circle(5*(i+1), 90)        #每 90° 半径变化一次
8   done()
```

输出结果为如图 4-9 所示的渐开线。

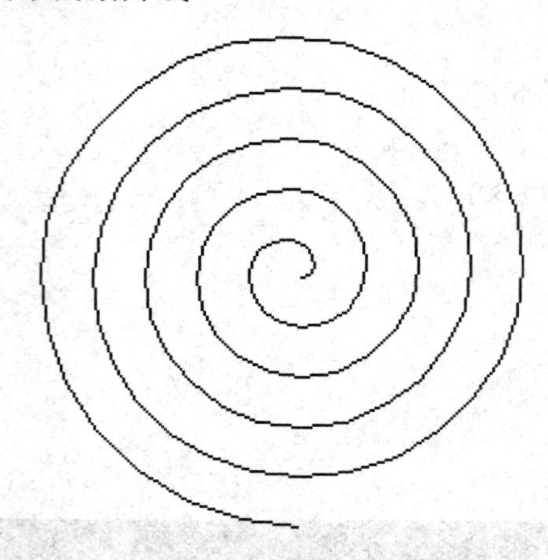

图 4-9　渐开线代码运行结果

通过调整半径来改变表达式和角度可以得到不同的螺旋线，以此类推用 turtle 画斐波那契也是迎刃而解了。斐波那契数列正是每 90° 半径变化一次，而半径值即为斐波那契数列数值，因此稍做替换即可：

```
1   from turtle import *
2   def fib_loop(n):            #斐波那契数列生成函数
3      a, b = 1, 1
4          for i in range(n):
5         a, b = b, a + b
6      return a
7   speed(10)                  #速度不宜过快否则看不到绘画过程
8   left(90)                   #为达到习惯视角左旋 90°
9   for i in range(8):         #生成 10 个数用于画螺旋线
10        pendown()
11        circle(10*fib_loop(i), 90)     #为便于观察放大了 10 倍
12  done()
```

从画图过程进一步认识了斐波那契数列，一开始变化比较缓慢而之后会速度会迅速增加，若 range 范围再增加 2，则线条会超过窗口边界，运行结果如图 4-10 所示。

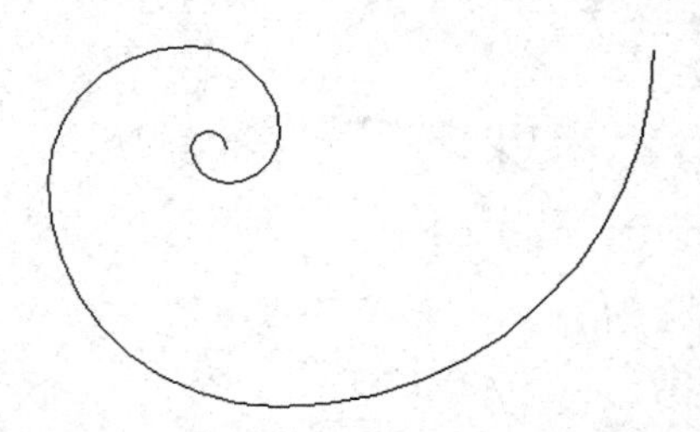

图 4-10　斐波那契渐开线代码运行结果

给线条涂上颜色可以看到每一段弧形，代码如下：

```
1   from turtle import *
2   def fib_loop(n):            #斐波那契数列生成函数
3     a, b = 1, 1
4       for i in range(n):
5       a, b = b, a + b
6     return a
7   speed(10)          #速度不宜过快否则看不到绘画过程
8   left(90)           #为达到习惯视角右旋 90°
9   colors =   ['red', 'blue', 'yellow', 'green', 'pink', 'black', 'orange', 'purple']
10  for i in range(8):    #生成 10 个数用于画螺旋线
11      pendown()
12      color(colors[i % 8])
13      circle(10*fib_loop(i), 90)      #为便于观察放大了 10 倍
14  done()
```

利用斐波那契数列可以构造出很多漂亮的图形，例如相切圆，代码如下：

```
1   from turtle import *
2   def fib_loop(n):        #斐波那契数列生成函数
3     a, b = 1, 1
4     for i in range(n):
5       a, b = b, a + b
6     return a
7   speed(20)
8   hideturtle()
9   colors =   ['red', 'blue', 'yellow', 'green', 'pink', 'black', 'orange', 'purple']
10  for i in range(8):
11        penup()
12        goto(0, -200)      #为便于观察移动坐标
13        pendown()
14        color(colors[i % 8])
15        circle(10*fib_loop(i))      #直接利用斐波那契数列为半径画圆
16  done()
```

运行结果如图 4-11 所示。

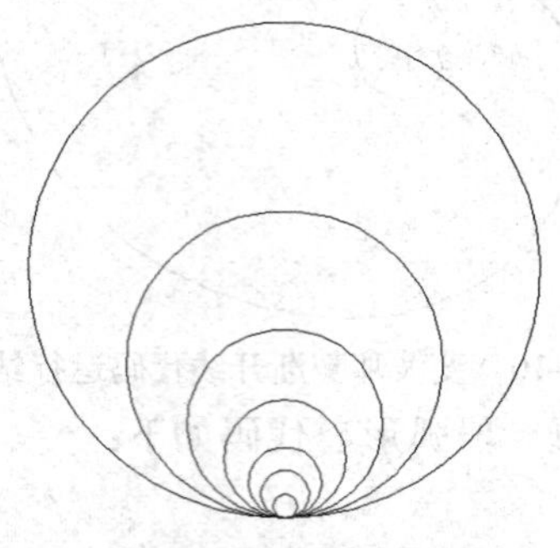

图 4-11　斐波那契相切圆

若想要填充颜色且能看到每个圆圈的色彩，则需从外层往内层画，因为 turtle 默认的图层叠放顺序为先底后顶，参考代码如下：

```
1   from turtle import *
2   def fib_loop(n):        #斐波那契数列生成函数
3     a, b = 1, 1
4       for i in range(n):
5       a, b = b, a + b
6     return a
7   speed(20)
8   hideturtle()
9   colors =  ['red', 'blue', 'yellow', 'green', 'pink', 'black', 'orange', 'purple']
10  for i in range(8):
11      penup()
12      goto(0, -200)      #为便于观察移动坐标
13      pendown()
14      color(colors[i % 8])
15      fillcolor(colors[i % 8])
16      begin_fill()
17      circle(10*fib_loop(i))      #圆圈直径从大到小
18      end_fill()
19  done()
```

运行结果如图 4-12 所示。

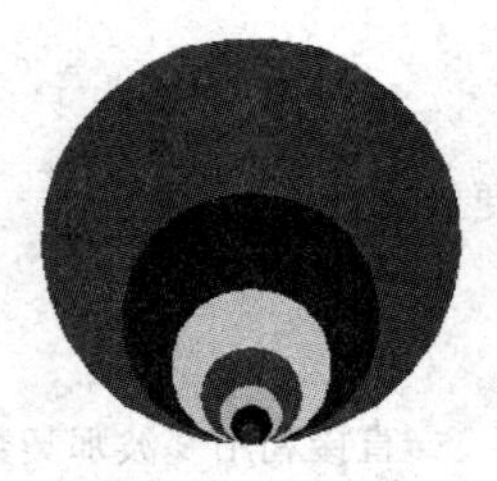

图 4-12　斐波那契相切圆填色效果

以上图形都是点的运动轨迹，若让平面图形运动起来会是怎样一番景象呢？三种旋转效果如图 4-13 所示。

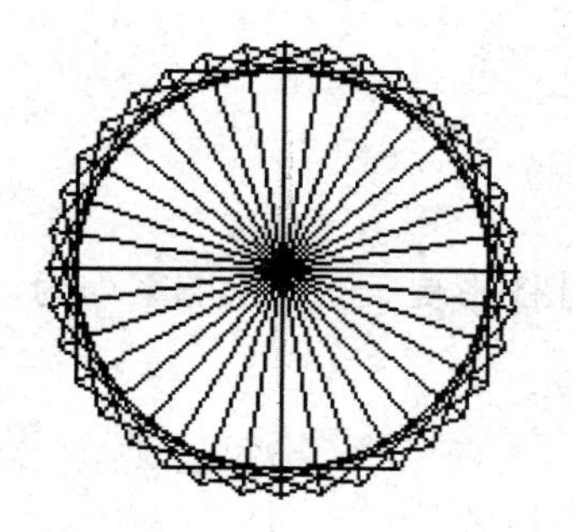

图 4-13　平面旋转图

【例 4-3】 观察图 4-13，试用海龟绘制出相似图案。

分析　经观察发现，三个图均是由规则平面图形绕中心旋转一周而成，从左至右使用的规则平面图形依次为正三角形、圆形和正方形。三者位于同一水平线上且距离相等，因此代码实现可如下：

```
1    from turtle import *
2    speed(100)
3    hideturtle()
4         #画第二幅图
5    for i in range(36):
6              penup()
7              left(10)
8              pendown()
9              circle(35)
10        #画第一幅图
11   penup()
12        goto (-200, 0)
13        for i in range(36):
14             penup()
15             left(10)
16             pendown()
17             for j in range(3):
18                       forward(70)
19                       left(120)
20        #画第三幅图
21   penup()
22   goto (200, 0)
23   for i in range(36):
24             penup()
```

```
25          left(10)
26          pendown()
27          for j in range(4):
28              forward(50)
29              left(90)
30  done()
```

先画第二幅图案可省去一条 goto 语句。另外，加上颜色可让图形更美。以上图案均为原地旋转，若加上螺旋元素又会是怎样呢？运行如下代码试试：

```
1   from turtle import *
2   speed(100)
3   hideturtle()
4       for i in range(50):
5           penup()
6           left(20-i/5)
7           forward(15)
8           pendown()
9           circle(20)
10      penup()
11  goto(200, 0)
12      left(120)
13      for i in range(60):
14          penup()
15          right(15)
16          forward(10-i/5)
17          pendown()
18          circle(20)
19  done()
```

运行后结果如图 4-14 所示，左图为渐开(外螺旋)，右图为渐闭(内螺旋)。

图 4-14　内外螺旋代码运行效果图

同样的，若加上颜色填充图案会更加漂亮。螺旋的应用非常广泛，例如旋转阶梯和盘山公路等。

【例 4-4】 试用海龟模块设计金字塔的盘塔公路俯视图。

分析　金字塔为三角锥结构，因此盘塔公路应为渐开的三角形，再考虑到俯视原理，塔顶的公路会比塔底的清晰，可用线条粗细来表示，代码如下：

```
1  from turtle import *
2  speed(50)
3  forward(10)
4      for i in range(20):
5      pensize(2-i / 20 )   #笔触大小随 i 递减
6      forward(20*i)        #公路长度随 i 递增
7      left(120-i/10)       #内角渐开
8  hideturtle()
9  done()
```

运行结果如图 4-15 所示。

图 4-15　例 4-4 代码运行效果图

调整内角还可得到其他的旋转阶梯图案，例如，将内角渐开语句设为 left(90-i/10)，则可得到如图 4-16 所示图案。

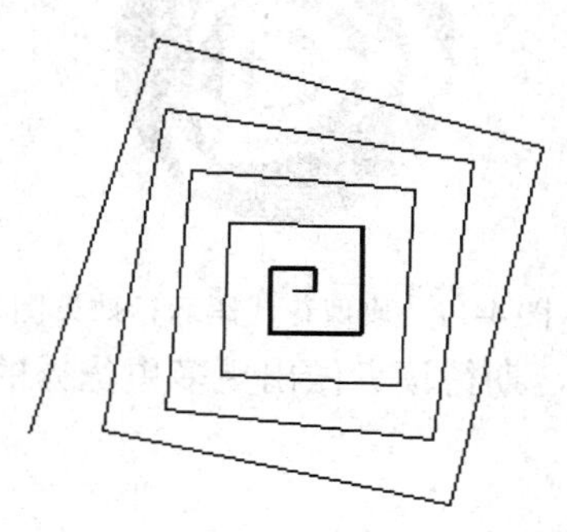

图 4-16　改变参数后的代码运行效果图

总结一下，螺旋图就是由点或面的角度、位置连续变化的运动轨迹构成的图案。设置不同的图形和运动方式可形成各种各样的图案，例如，画一朵玫瑰花，我们可以先定义画花瓣的函数，然后让画笔尺寸不断增加，位置旋转渐开，笔者尝试的代码如下：

```
1  from turtle import *
2  def pet(a):     #定义画花瓣函数
```

```
3            for i in range(3):
4                speed(20)
5                penup()
6                color('red')
7                fillcolor('red')
8                begin_fill()
9                circle(10*a, 120)
10               left(150)
11               circle(-17*a, 60)
12               end_fill()
13               right(90)
14               forward(17*a)
15               left(120)
16   for j in range(4):      #花瓣的运动轨迹
17           pet(j+1)
18           penup()
19           goto(10*(j+1), -10*(j+1))
20           left(5*(j+1))
21           pendown()
22   hideturtle()
23   done()
```

运行结果如图 4-17 所示。

图 4-17　玫瑰花代码运行效果图

由于笔者的艺术造诣有限，期待读者做出更多更优秀的作品。

4.2.3　层峦叠嶂

点与面的直线或曲线运动都能幻化出美妙的图案，直线美较为刚性，曲线美则较为柔美，而平面图形的叠放也能彰显出美感，下面就来一起体会平面美。

最简单的堆叠方式自然是各层堆叠数量相同，点运动成线，线运动成面，因此，堆叠需使用循环嵌套。例如，要画一片 10×10 的彩色马赛克，可以这样操作：

```
1    import turtle
```

```
2   turtle.speed(60)
3   colors = ['red', 'blue', 'yellow', 'green']
4   turtle.tracer(0)             #海龟不动，跳过整个绘图过程
5   for j in range(10):       #层数
6       for i in range(10):   #列数
7           turtle.penup()
8           turtle.goto(-300+20*i, 20*j)
9           turtle.pendown()
10          turtle.fillcolor(colors[i % 4])
11          turtle.begin_fill()
12          for k in range(4):
13              turtle.forward(20)
14              turtle.right(90)
15          turtle.end_fill()
16  turtle.hideturtle()
17  turtle.tracer(2)             #追踪到海龟此时停留处，取任意非零参数即可
18  turtle.done()
```

运行结果如图 4-18 所示。

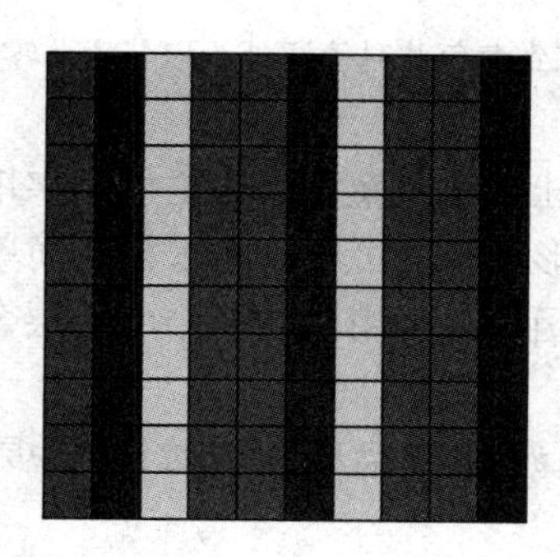

图 4-18　彩色马赛克代码运行效果图

上述运行效果图中，100 个马赛克数量较多且都是重复动作，如果不想观看绘画过程，可以使用 tracer()函数跳过。若要加快速度则可填入较大参数，若要全部跳过则参数填 0，但跳过的同时海龟会固定在窗口原点，因此最后需要将其调回海龟最后所在位置并隐藏。

【例 4-5】 在上述示例代码基础上修改实现彩色马赛克堆叠的金字塔图案，参考如图 4-19 所示。

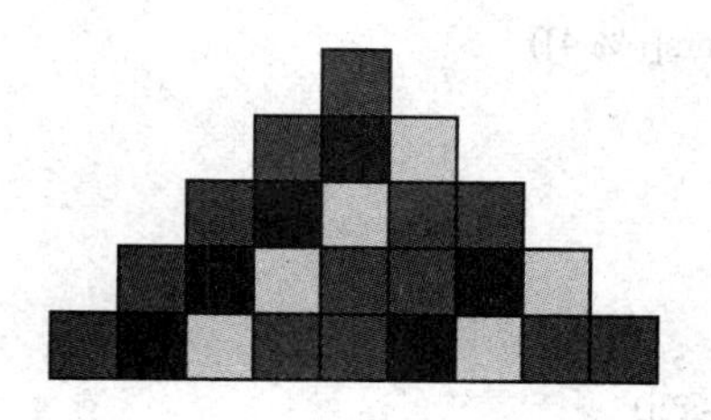

图 4-19　例 4-5 代码运行效果图

分析　本题可采用由下至上或由上至下方式，以由下至上为例，层层递减两块马赛克，可用 for 循环嵌套实现：

```
1   import turtle
2   turtle.speed(60)
3   colors = ['red', 'blue', 'yellow', 'green']
4   turtle.tracer(0)              #海龟不动，跳过整个绘图过程
5   for j in range(5):            #层数
6       for i in range(9-j*2):    #若要顶层方块数为 1，则 range 范围需始终为奇数
7           turtle.penup()
8           turtle.goto(-300+20*(i+j), 20*j)     #各层向中间压缩
9           turtle.pendown()
10          turtle.fillcolor(colors[i % 4])
11          turtle.begin_fill()
12          for k in range(4):
13              turtle.forward(20)
14              turtle.right(90)
15          turtle.end_fill()
16  turtle.hideturtle()
17  turtle.tracer(2)        #追踪到海龟此时停留处，取任意非零参数即可
18  turtle.done()
```

试着继续改进代码，能否让堆叠图案看起来更像金字塔呢，即除最上层为三角形外，其余各层均为梯形。尽量让图形规则化可使绘画过程更简单，比如，我们假设堆叠好的金字塔为正三角形，那么可封装函数并调用，绘制一个五层金字塔，代码实现如下：

```
1   from turtle import *
2   def Pyramid(a, b, n):       #a 为腰长，b 为下底边长, n 为层数
3       speed(60)
4       colors = ['red', 'blue', 'yellow', 'green']
5       tracer(0)
6       for j in range(n):
7           penup()
8           goto(-300+a/2*j, a/2*1.732*j)        #起始坐标变化，其中 1.732 为√3 的近似值
9           pendown()
10          fillcolor(colors[j % 4])
11          begin_fill()
12          left(60)
13          forward(a)
14          right(60)
15          forward(b-a-a*j)
16          right(60)
```

```
17                forward(a)
18                right(120)
19                forward(b-a*j)
20                right(180)
21                end_fill()
22            hideturtle()
23            tracer(2)
24        done()
25        Pyramid(20, 100, 5)        #画一个腰长 20，下底边长 100 的 5 层金字塔
```

运行结果如图 4-20 所示。

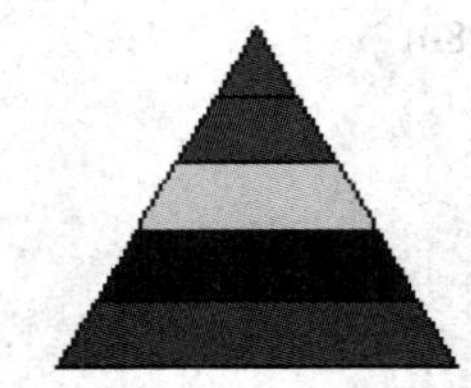

图 4-20　彩色金字塔代码运行效果图

要形成三角形金字塔，腰长、下底边长和层数三者之间是需要满足一定的数学关系的，若随意指定则会出现其他图形，例如三者依次取 20、100、5，即用 Pyramid(20, 100, 5)调用函数则会看到图 4-21 所示的效果。

图 4-21　修改参数后的彩色金字塔代码运行效果图

虽然绘制出了美丽的沙漏，但实际上这是程序的 bug，因为上层梯形底边出现了负数。

【例 4-6】 试参照上述案例绘制彩色汉诺塔圈。

分析　汉诺塔圈跟三角形金字塔堆叠方式非常类似，只是堆叠元素换作了“矩形+两半圆”的组合图案，坐标变化比上例更简单，虽然上一题我们利用 bug 汇绘制出了沙漏，但汉诺塔不应有此 bug，因此我们将参数减少为两个，约束圆弧半径和下底边的比例关系，代码实现如下：

```
1     from turtle import *
2     def Hanoi(a, n):        #a 为圆弧半径，n 为层数
3             speed(50)
4                 colors = ['red', 'blue', 'yellow', 'green']
```

```
5        tracer(0)
6        for i in range(n):
7            penup()
8            goto(-300+a/2*i, a*i)
9            pendown()
10               fillcolor(colors[i % 4])
11           begin_fill()
12               forward(a*(n-1)-a*i)
13               circle(a/2, 180)
14           forward(a*(n-1)-a*i)
15           circle(a/2, 180)
16           end_fill()
17       hideturtle()
18       tracer(2)
19       done()
20   Hanoi(20, 6)         #画一个六层汉诺塔
```

运行结果如图 4-22 所示。

图 4-22　例 4-6 代码运行效果图

再来看一个大家熟悉的五环图案，如图 4-23 所示。

图 4-23　五环图

观察五环的位置关系和颜色，最直接的方式可以依次画一个个圈，但显然这不是最优方案，继续观察发现其实这也是堆叠问题，共两层，且为倒等腰梯形结构，用 for 循环嵌套方可解，而难点是颜色问题，可考虑做个颜色列表，再用索引访问，下面是一种实现方式：

```
1   import turtle
2   turtle.speed(50)
```

```
3    colors = [ 'blue', 'black', 'red', 'yellow', 'green']
4        for j in range(2):                #层数
5            for i in range(3-j):          #逐层递减
6                turtle.penup()
7                turtle.goto(110*i+55*(j+1), -50*j)     #移位且考虑间距
8                turtle.color(colors[(i+3*j) % 5])       #利用索引访问列表取色
9                turtle.width(3)
10               turtle.pendown()
11               turtle.circle(50)
12       turtle.hideturtle()
13   done()
```

经典的俄罗斯方块也可用海龟模块绘制，简单的如田字格和长条这里就不再赘述，关键看看另外两种如何绘制呢？

【例 4-7】 试用海龟模块绘制如图 4-24 所示的两个俄罗斯方块图案。

图 4-24　俄罗斯方块图

分析　如果将两者旋转 90° 后观察分别为 3 层和 4 层图案，利用循环嵌套作图是非常有难度的，而按图示形式分解为两层就很简单了，左图两侧方块数量相同，第二层右移一个方块单位，右图两层数量不同但第二层若从左往右绘图则无须水平移位，因此，代码实现如下：

```
1    import turtle
2    turtle.speed(60)
3    turtle.tracer(0)
4        for j in range(2):
5            for i in range(4-3*j):
6                turtle.penup()
7                turtle.goto(20*(i), 20*j)
8                turtle.pendown()
9                turtle.fillcolor('red')
10                   turtle.begin_fill()
11               for k in range(4):
12                   turtle.forward(20)
13                   turtle.left(90)
14               turtle.end_fill()
15   turtle.penup()
16   turtle.goto(-200, 0)
```

```
17  for j in range(2):
18          for i in range(2):
19                  turtle.goto(-200+20*(i+j), 20*j)
20                      turtle.pendown()
21                  turtle.fillcolor('yellow')
22                  turtle.begin_fill()
23                  for k in range(4):
24                          turtle.forward(20)
25                          turtle.left(90)
26                  turtle.end_fill()
27
28  turtle.hideturtle()
29  turtle.tracer(2)
30  turtle.done()
```

直接运行即可同时绘制出两组方块。

通过上述例题可以看出，堆叠是非常有意思的构图方式，也是几何知识的综合应用。

4.3 Turtle 动态项目

强大的 Turtle 模块可以支撑创造出绚丽多彩的平面艺术作品，在创作过程中我们看到 Turtle 不仅有画笔状态函数还有运动函数，那么能否利用运动函数制作出动画效果呢？自然是可以的，接下来一起探寻。

4.3.1 时间的客人

最简单的运动是周期运动，而周期的参与者就是时钟，Python 中有现成的 time 模块，可直接获取数据。先以最直观的钟表为例，如何绘制表针模拟钟表的运动呢？

传统表针刚好是带箭头的直线，用默认海龟形状随意画一条直线就是此效果。以秒针为例，接下来只需让其表针每次偏移一格即 6° 即可。问题的关键是如何实现偏移这个动作，而这个动作就是动画效果。动画是将静止的画面变为动态的艺术。实现由静到动，主要是靠人眼的视觉残留效应，利用人的这种视觉生理特性可制作出具有高度想象力和表现力的动画影片。简单来说，按照动画原理，让静态图片交替出现则可让人眼感受到图像动了起来。那么，要让秒针动起来则首先需要绘制每一秒的图形，然后当上一秒图形消失的同时下一秒出现。如何让图像消失呢？这就需要试用到清屏函数 clear()了。另外绘制过程自然是要隐藏的，tracer(0)必不可少。因此，可以这样来模拟秒针的动作：

```
1   #绘制秒针
2   import datetime
3   from turtle import *
4       def Second():
```

```
5        cur = datetime.datetime.now()
6        s = cur.second
7        tracer(0)        #隐藏绘制过程
8        clear()          #清屏
9        penup()
10       goto(0, 0)
11       seth(90)         #控制海龟面对方向，初始应为正北方
12       right(6 * s)     #一秒后偏移到当前秒针偏移角度
13       pendown()
14       pensize(2)       #合适的笔触大小
15       forward(100)     #合适的长度
16       tracer(1)
17   while True:
18       Second()
```

同样的方式可以继续绘制分针和时针效果，由于三针需要不同的海龟作图，因此需要改变 turtle 的调用方式请出更多海龟，最后再加上圆盘代表秒钟面，并画上整点刻度：

```
1    import datetime
2    import turtle as t1        #调用海龟模块并用 t1 表示
3    t2 = t1.Turtle()           #在海龟模块中调用海龟方法
4    t3 = t1.Turtle()
5    t4 = t1.Turtle()
6    #绘制表盘和刻度
7    t4.tracer(0)
8    t4.penup()
9    t4.goto(0, -120)
10   t4.pendown()
11   t4.color('yellow')
12   t4.fillcolor('yellow')
13   t4.begin_fill()
14   t4.circle(120)
15   t4.end_fill()
16   t4.hideturtle()
17   t4.tracer(1)
18   for i in range(12):
19       t4.penup()
20       t4.goto(0, 0)
21       t4.seth(30*i)
22       t4.color('black')
23       t4.forward(110)
```

```
24      t4.pd()
25      t4.pensize(5)
26      t4.forward(5)
27      t4.hideturtle()
28  def drawClock():
29      cur = datetime.datetime.now()
30      s = cur.second
31      h = cur.hour
32      m = cur.minute
33  #绘制秒针
34      t1.tracer(0)
35      t1.clear()
36      t1.penup()
37      t1.goto(0, 0)
38      t1.seth(90)
39      t1.right(6 * s)
40      t1.pendown()
41      t1.pensize(2)
42      t1.forward(100)
43      t1.tracer(1)
44  #绘制分针
45      t2.tracer(0)
46      t2.clear()
47      t2.penup()
48      t2.goto(0, 0)
49      t2.seth(90)
50      t2.right(6 * m)
51      t2.pendown()
52      t2.pensize(3)
53      t2.color('blue')
54      t2.forward(80)
55      t2.tracer(1)
56      t3.tracer(0)
57  #绘制时针
58      t3.clear()
59      t3.penup()
60      t3.goto(0, 0)
61      t3.seth(90)
62      t3.right(30 * h)      #注意时针与分针秒针的角度不同
```

```
63          t3.pendown()
64          t3.pensize(5)
65          t3.color('red')
66          t3.forward(50)
67          t3.tracer(1)
68      while True:
69          drawClock()
```

运行看到某一时刻的表盘如图 4-25 所示。

图 4-25　钟表代码运行效果

为了使钟面不那么单调，可以试着改变秒针的形状，例如将绘制秒针代码修改如下：

```
1       #绘制秒针
2           t1.clear()
3           t1.penup()
4           t1.color('green')#用海龟取代秒针
5           t1.shape('turtle')
6           t1.goto(0, 0)
7           t1.seth(90)
8           t1.right(6 * s)
9           t1.forward(100)
10          t1.pendown()
11          t1.tracer(1)
```

运行结果会变成如图 4-26 所示。

图 4-26　海龟秒针钟表代码运行效果

按照相同思路可以制作出其他钟表，例如每秒变色且大小也跟着变的霓虹灯计时器：

```
1   from turtle import *
2   import datetime
3   speed(20)
4   hideturtle()
5   colors =   ['red', 'blue', 'yellow', 'green', 'pink', 'black', 'orange', 'purple']
6   while True:
7           cur = datetime.datetime.now()
8           s = cur.second
9           clear()
10          tracer(0)
11          penup()
12          goto(0, -5*(s%10))          #圆心位置不变
13          pendown()
14          color(colors[s % 8])
15          fillcolor(colors[s % 8])
16          begin_fill()
17          circle(5*(s%10))            #圆圈直径从大到小
18          end_fill()
19          tracer(1)
```

再如叠罗汉式彩灯：

```
1   import datetime
2   from turtle import *
3   def HanoiLED(a):
4       speed(60)
5       colors = ['red', 'blue', 'yellow', 'green', 'orange', 'purple']
6       cur = datetime.datetime.now()
7       s = cur.second
8       j = s%10
9       if j == 0:
10          clear()
11      else:
12          tracer(0)
13          penup()
14          goto(-300+a/2*j, a*j)
15          pendown()
16          forward(200-j*20)
17          color(colors[j % 6])
18          pensize(20)
```

```
19	hideturtle()
20	tracer(2)
21	while True:
22	    HanoiLED(20)
```

叠罗汉式彩灯的效果为汉诺塔圈从下往上层层叠放，当叠完最后一层后消失重来，而从此例发现，当笔触较粗时其形状跟汉诺塔圈一模一样，这也说明在 Turtle 中的线条都是由圆点运动而成。照此思路可以设计出各种各样的节日彩灯。

前面画过繁星满天，现在也可以让它们闪耀起来，还可以利用 time 模块闪出花样，代码如下：

```
1	import datetime
2	from turtle import *
3	import random
4	speed(50)
5	bgcolor('black')
6	colors =   ['red', 'blue', 'yellow', 'green', 'pink', 'white', 'orange', 'purple']
7	def star(n):
8	        tracer(0)
9	        for j in range(n):
10	                for i in range(n):
11	                        penup()
12	                        goto((random.randint(-600, 600),
	                        random.randint(-300, 300)))
13	                        color(colors[i % 8])
14	                        pendown()
15	                        fillcolor(colors[i % 8])
16	                        begin_fill()
17	
18	                        for k in range(5):
19	                                right(144)
20	                                forward(20-2*i)
21	                        end_fill()
22	        hideturtle()
23	        tracer(2)
24	while True:
25	        cur = datetime.datetime.now()
26	        s = cur.second
27	        if s%2==0:
28	                clear()
29	        else:
30	                star(s%10)      #控制闪烁模式
```

这样的闪耀的确初步有了动感，但又似乎单调了一些，繁星整体熄灭也显得太生硬，那么可以怎样优化呢？我们希望的效果是通过星星的增加和消失来模拟闪耀的效果，同时过度平缓。那么我们可以考虑将星星分组，同组的同时动作，不同组的交替动作，提到分组自然想到了数列和集合，那么我们可以考虑将海龟组队，即复制海龟放入列表中，这样调用列表就等于调用了一群海龟。于是可以这样实现：

```
1   import turtle as t
2   import random
3   t.bgcolor('black')
4   colors =  ['red', 'blue', 'yellow', 'green', 'pink', 'white', 'orange', 'purple']
5   turtlelist = []        #建一个新列表
6   def copy():
7       for i in range(100):
8           q = t.Turtle()
9           q.hideturtle()
10          q.pu()
11          q.goto(0, 0)
12          q.right(10 * i + random.randint(10, 60))
13          turtlelist.append(q)      #将克隆好的海龟装入列表
14  def star(n):       #绘制、清除星星，星星重新归位
15      for i in range(n):
16          for j in turtlelist:      #遍历克隆列表
17              j.pu()
18              j.goto((random.randint(-600, 600), random.randint(-300, 300)))
19              a=random.randint(0, 7)      #随机取色
20              j.color(colors[a])
21              j.pd()
22              j.fillcolor(colors[a])
23              j.begin_fill()
24              for k in range(5):
25                      j.right(144)
26                      j.forward(20-2*i)
27              j.end_fill()
28              j.hideturtle()
29      #逐个清除海龟
30      for j in turtlelist:
31          j.clear()
32      # 全部海龟再回到初始位置
33      for j in turtlelist:
34          j.pu()
```

```
35            j.goto(0, 0)
36            j.pd()
37            j.right(random.randint(10, 25))
38    t.colormode(255)
39    t.tracer(10)#适当取值则星星消失的速度不会过快或过慢
40    Copy()
41    while True:
42        star(5)
```

现在的效果和谐了不少，调整各参数还能得到不同的效果。该效果的关键是在克隆海龟的函数中加入自身清除函数，且只会清除当前队列中的海龟，清除后再让本组的所有海龟回到起点等待下一次行动。由于动画效果无法在纸面体现，读者朋友们可运行程序观看和优化设计。

4.3.2　流光溢彩

星空如此闪耀，若再加上烟花的点缀就更加流光溢彩了。烟花绽放的过程分解来可以看作若干个海龟从一个点出发，朝不同方向运动，留下痕迹。海龟数量较多，每个都独立调用不现实，而所有海龟动作是相似的，那么我们可以采用克隆的方式创建海龟列表。照此思路可以这样设计一朵简单的烟花：

```
1     import turtle as t
2     import random
3     #克隆海龟函数
4     def Copy():
5         for i in range(100):
6             q = t.Turtle()
7             q.hideturtle()
8             q.pu()
9             q.goto(0, 0)
10            q.right(10 * i + random.randint(10, 60))
11            turtlelist.append(q)      #将克隆好的海龟装入列表
12    #定义函数，实现：绘制烟花
13    def   Fireworks():
14        for j in range(5):
15            for j in turtlelist:
16              j.pd()
17              j.pensize(random.randint(1, 3))
18              j.speed(20)
19              j.color( random.randint(50, 255), random.randint(50, 255), random.randint(50, 255))
20              j.right(1)
```

```
21                      j.forward(random.randint(15, 55))
22                      j.right(random.randint(-5, 5))
23      #改为 RGB 颜色模式
24      t.colormode(255)
25      #设置背景色为黑色
26      t.bgcolor('black')
27      #新建空列表
28      turtlelist = []
29      #绘画过程不能没有但也不能过慢
30      t.tracer(500)
31      Copy()
32      #调用函数
33      Fireworks()
```

绽放效果如图 4-27 所示。

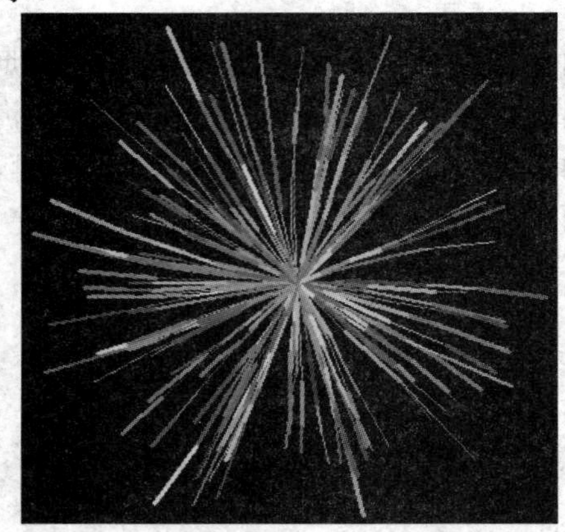

图 4-27　烟花绽放效果

考虑到烟花的色彩应该是渐变的，所以把着色方式改为了 RGB 模式。燃放烟花是夜晚所以背景使用黑色。绘画过程如果过快或跳过就看不到烟花绽放的过程了，因此还需要一个合适的 tracer 值。在此基础上稍作调整还可以模拟地面燃放的烟花，参考代码如下：

```
1       import turtle as t
2       import random
3       #克隆海龟函数
4       def Copy():
5           for i in range(100):
6               q = t.Turtle()
7               q.hideturtle()
8               q.pu()
9               q.goto(0, 0)
10              q.seth(90)
11              turtlelist.append(q)        #将克隆好的海龟装入列表
```

```
12  #定义函数，实现：绘制烟花
13  def Fireworks():
14      for j in range(5):
15          for j in turtlelist:
16              j.pd()
17              j.pensize(random.randint(1, 3))
18              j.speed(20)
19              j.color( random.randint(50, 255), random.randint(50, 255), random.randint(50, 255))
20              j.forward(random.randint(5, 55))
21              j.right(random.randint(-15, 15))
22  #改为 RGB 颜色模式
23  t.colormode(255)
24  #设置背景色为黑色
25  t.bgcolor('black')
26  #新建空列表
27  turtlelist = []
28  #绘画过程不能没有但也不能过慢
29  t.tracer(500)
30  Copy()
31  #调用函数
32  Fireworks()
```

燃放效果如图 4-28 所示。

图 4-28　地面燃放烟花绽放效果

继续调整参数甚至还可以画出一棵树：

```
1  #调用海龟模块即随机函数
2  import turtle as t
3  import random
4  #克隆海龟函数
5  def Copy():
```

```
6           for i in range(100):
7               q = t.Turtle()
8               q.hideturtle()
9               q.pu()
10              q.goto(0, 0)
11              q.seth(90)
12              turtlelist.append(q)      #将克隆好的海龟装入列表
13      #定义函数，实现：绘制树枝
14      def Tree():
15          for j in range(5):
16              for j in turtlelist:
17                  j.pd()
18                  j.pensize(random.randint(1, 3))
19                  j.speed(20)
20                  #树的色彩应该素雅一些，具体色彩可根据喜好调整
21                  j.color( 100, random.randint(50, 255), 150)
22                  j.forward(random.randint(55, 85))
23                  j.right(random.randint(-45, 45))
24      #改为 RGB 颜色模式
25      t.colormode(255)
26      #新建空列表
27      turtlelist = []
28      #绘画过程不能没有但也不能过慢
29      t.tracer(500)
30      Copy()
31      #调用函数
32      Tree()
```

画树背景就不用改为黑色了，这个树大概是这样的，如图 4-29 所示。

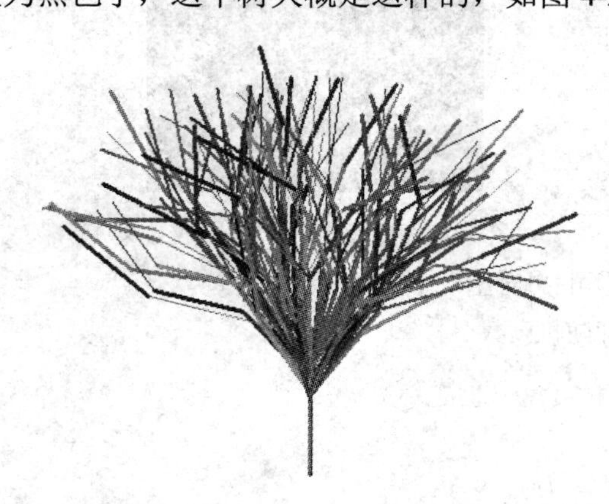

图 4-29　树效果图

回到烟花，现在画好了，如何让其绽放呢？参照群星闪耀的方式即可：

```
1   import turtle as t
2   import random
3   #克隆海龟函数
4   def Copy():
5       for i in range(100):
6           q = t.Turtle()
7           q.hideturtle()
8           q.pu()
9           q.goto(0, 0)
10          q.right(10 * i + random.randint(10, 60))
11          turtlelist.append(q)      #将克隆好的海龟装入列表
12  #定义函数，实现：绘制、清除烟花，海龟重新归位
13  def  Fireworks():
14      for j in range(5):
15          for j in turtlelist:
16              j.pd()
17              j.pensize(random.randint(1, 3))
18              j.speed(20)
19              j.color( random.randint(50, 255), random.randint(50, 255), random.randint(50, 255))
20              j.right(1)
21              j.forward(random.randint(15, 55))
22              j.right(random.randint(-5, 5))
23      #逐个清除海龟
24      for j in turtlelist:
25          j.clear()
26      #全部海龟再回到初始位置
27      for j in turtlelist:
28          j.pu()
29          j.goto(0, 0)
30          j.pd()
31          j.right(random.randint(10, 25))
32  #改为 RGB 颜色模式
33  t.colormode(255)
34  #设置背景色为黑色
35  t.bgcolor('black')
36  #新建空列表
37  turtlelist = []
38  #绘画过程不能没有但也不能过慢
```

```
39	t.tracer(200)
40	Copy()
41	#调用函数
42	while True:
43	    Fireworks()
```

如上实现的不足之处是烟花每次都在同一位置出现，现在我们加上随机元素，让烟花的出现捉摸不定：

```
1	import turtle as t
2	import random
3	#克隆海龟函数
4	def Copy():
5	    for i in range(100):
6	        q = t.Turtle()
7	        q.hideturtle()
8	        q.pu()
9	        q.goto( 0, 200)
10	        q.right(10 * i + random.randint(10, 60))
11	        turtlelist.append(q)       #将克隆好的海龟装入列表
12	#定义函数，实现：绘制烟花
13	def  Fireworks():
14	    for j in range(5):
15	        for j in turtlelist:
16	            j.pd()
17	            j.pensize(random.randint(1, 3))
18	            j.speed(20)
19	            j.color( random.randint(50, 255), random.randint(50, 255), random.randint(50, 255))
20	            j.right(1)
21	            j.forward(random.randint(15, 55))
22	            j.right(random.randint(-5, 5))
23	    #逐个清除海龟
24	    for j in turtlelist:
25	        j.clear()
26	    #全部海龟再回到初始位置
27	    a=random.randint(-300, 300)       #设置每次烟花出现的随机坐标
28	    b=random.randint(200, 255)
29	    for j in turtlelist:
30	        j.pu()
31	        j.goto( a, b)
32	        j.pd()
```

```
33            j.right(random.randint(10, 25))
34    #改为 RGB 颜色模式
35    t.colormode(255)
36    #设置背景图片，图片须 png 格式且图片文件置于本地文件目录下
37    t.bgpic('bk.png')
38    #新建空列表
39    turtlelist = []
40    #绘画过程不能没有但也不能过慢
41    t.tracer(200)
42    Copy()
43    #调用函数
44    while True:
45        Fireworks()
```

设置每次烟花出现的随机坐标时要注意，在遍历整个克隆列表的时间内坐标位置不能改变，因此需在遍历前获取一次随机值。另外，再加上一张美丽的夜空图片作为背景看上去会更加真实，有身临其境的感觉，背景图片应为 png 格式，若直接调取可放于本地文件夹中，若在其他文件夹中或使用网络图片则需添加访问路径。寻找到的图片尺寸不一定跟窗口大小刚好匹配，需要通过第三方软件修改尺寸。

例如，笔者找了这样一幅背景图，某一瞬间拍下来如图 4-30 所示。

图 4-30　烟花绽放瞬间截图

比较遗憾的是 Turtle 没有提供加载声音的函数，若需加入音效则需要安装第三方库(安装方法会在下一章中介绍)。

构建了美丽的画面，接下来考虑能否通过手动控制颜色的变化来增加点趣味呢？绘制烟花采用了 RGB 色，数值组合则对应了颜色变化，那么调整 RGB 数值便可改变颜色了。调整方式须有可操作性，即需要在窗口上添加可操作按钮，操作方式可以用鼠标或键盘控制，需要使用事件控制函数。可将操作流程划分为以下几个步骤：

第一步：绘制调色块。

用什么形式来展现调色块是关键。在生活中，用于调节的工具有旋钮也有类似调音器的滑块，相比之下显然滑块更简单。若用鼠标控制，那么我们希望它是一块可以滑动的色块，而滑动是直线运动，应该有一条轴来指示运动轨迹。那么我们可以直接画一条较粗的直线来代表轴，再改变海龟形状为方块或椭圆，则正好可以代表滑块。另外，一共需要三个滑块分别用于调整红、绿、蓝的数值，按照这样的思路可编码如下：

```
1    import turtle as t
2    t.colormode(255)
3    #绘制滑块
4    def createButton(t1, x, y, red, green, blue):   # t1 为海龟参数
5        t1.showturtle()
6        t1.shape('square')              #把海龟形状变为矩形
7        t1.shapesize(2, 2)              #设置长和宽尺寸
8        t1.pensize(10)
9        t1.color(red, green, blue)      #三基色取值
10       t1.pu()
11       t1.goto(x, y)
12       t1.seth(90)#面北
13       t1.pd()
14       t1.forward(255)#与 RGB 色数值对应
15   #创建三种颜色的滑块，三色 Button 也为内部封装模块
16   t.tracer(0)        #隐藏绘制过程，可删除后了解下绘画过程再添加上去
17   blueButton = t.Turtle()
18   createButton(blueButton, -250, 0, 0, 0, 255)
19   greenButton = t.Turtle()
20   createButton(greenButton, -150, 0, 0, 255, 0)
21   redButton = t.Turtle()
22   createButton(redButton, -50, 0, 255, 0, 0)
23   t.tracer(3)
```

运行结果如图 4-31 所示。

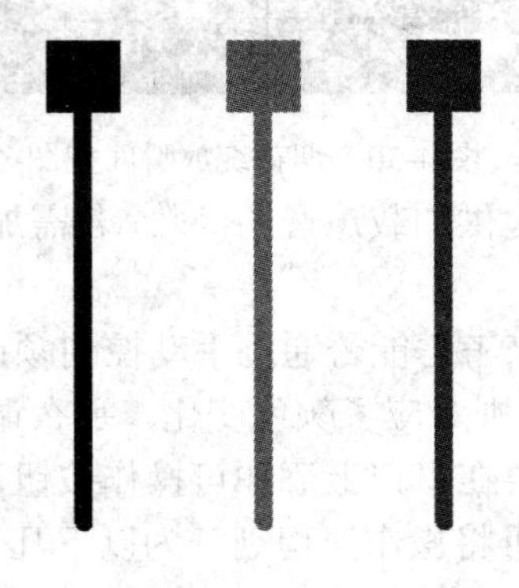

图 4-31　调色器

第二步：让滑块随鼠标(或键盘)移动。

如何让滑块随鼠标移动非常简单，添加事件处理函数，让滑块监听鼠标左键，具体如下：

```
1   import turtle as t
2   t.colormode(255)
3   def createButton(t1, x, y, red, green, blue):
4       t1.showturtle()
5       t1.shape('square')      #把海龟变为矩形
6       t1.shapesize(2, 2)      #长和宽
7       t1.pensize(10)
8       t1.color(red, green, blue)      #三基色取值
9       t1.pu()
10      t1.goto(x, y)
11      t1.seth(90)     #面北
12      t1.pd()
13      t1.forward(255)     #与 RGB 色数值对应
14  #创建三种颜色的滑块
15  t.tracer(0)
16  blueButton = t.Turtle()
17  createButton(blueButton, -250, 0, 0, 0, 255)
18  greenButton = t.Turtle()
19  createButton(greenButton, -150, 0, 0, 255, 0)
20  redButton = t.Turtle()
21  createButton(redButton, -50, 0, 255, 0, 0)
22  t.tracer(3)
23  def changeBlue(x, y):
24      blueButton.pu()
25      blueButton.setx(x)      #获取按钮的 x 坐标(运行后发现获取 x 坐标没有意义且滑块还会乱跑)
26      blueButton.sety(y)      #获取按钮的 y 坐标
27  def changeGreen(x, y):
28      greenButton.pu()
29      greenButton.sety(y)
30  def changeRed(x, y):
31      redButton.pu()
32      redButton.sety(y)
33  #鼠标事件监听，用于拖动滑块，ondrag 是海龟中的监听相应函数
34  blueButton.ondrag(changeBlue)       #滑块移向鼠标所在位置
35  greenButton.ondrag(changeGreen)
36  redButton.ondrag(changeRed)
```

完成了滑块和滑块动作，接下来需要其具备调色功能。

第三步：指示颜色变化。

如上代码中，滑块长度均设为 255 已经为调色埋下伏笔，现在滑块在运动过程中对应的 Y 坐标值即可用于 RGB 值。而颜色的变化如何展示出来呢？最简单的方式可以用获取到的 RGB 值对应颜色填充滑块，这样一来不仅直观还能看到滑块拖动过程中的颜色变化，实现如下：

```
1   import turtle as t
2   t.colormode(255)
3   def createButton(t1, x, y, red, green, blue):
4       t1.shape('square')
5       t1.shapesize(2, 2)
6       t1.pensize(10)
7       t1.color(red, green, blue)
8       t1.pu()
9       t1.goto(x, y)
10      t1.seth(90)
11      t1.pd()
12      t1.forward(255)                  #与 RGB 色数值对应
13  #创建三种颜色的滑块
14  t.tracer(0)
15  blueButton = t.Turtle()
16  createButton(blueButton, -250, 0, 0, 0, 255)
17  greenButton = t.Turtle()
18  createButton(greenButton, -150, 0, 0, 255, 0)
19  redButton = t.Turtle()
20  createButton(redButton, -50, 0, 255, 0, 0)
21  t.tracer(3)
22  def changeBlue(x, y):
23      blueButton.pu()
24      blueButton.sety(y)
25      b = blueButton.ycor()
26      blue = int(b)
27      blueButton.color(0, 0, blue)
28  def changeGreen(x, y):
29      greenButton.pu()
30      greenButton.sety(y)
31      g = greenButton.ycor()
32      green = int(g)
33      greenButton.color(0, green, 0)
```

```
34    def changeRed(x, y):
35        redButton.pu()
36        redButton.sety(y)
37        r = redButton.ycor()
38        red = int(r)
39        redButton.color(red, 0, 0)
40    #鼠标事件监听，用于拖动滑块
41    blueButton.ondrag(changeBlue)
42    greenButton.ondrag(changeGreen)
43    redButton.ondrag(changeRed)
```

值得注意的是，三滑块的初始位置为顶部是比较科学的，因为三者的 Y 坐标值都取到 255 时，正好对应红蓝绿三基色。

第四步：优化。

现在分别得到了三种颜色的变化值，将三者混合即可得到缤纷色彩，不过当前的滑块还有些 bug 需要优化，例如，拖动过程中滑块会移到轴线以外，而这时的 Y 坐标值也超过了 RGB 的取值范围，既不美观也无意义，因此我们需要优化滑块边界。为了更加直观地展示混色效果，特地加上调色盘作为展示对象，实现如下：

```
1     import turtle as t
2     #定义 createButton 函数，功能：创建滑块
3     def createButton(t1, x, y, red, green, blue):
4         t1.showturtle()
5         t1.shape('square')
6         t1.shapesize(2, 2)
7         t1.pensize(20)
8         t1.color(red, green, blue)
9         t1.pu()
10        t1.goto(x, y)
11        t1.seth(90)              #面北
12        t1.pd()
13        t1.forward(255)
14    #定义 changeBlue 函数，功能：改变蓝色值
15    def changeBlue(x, y):
16        global blue              #将 blue 声明为全局变量
17        blueButton.pu()
18         #优化边界
19        if y < 0:
20            yValue = 0
21        elif y > 255:
22            yValue = 255
```

```
23        else:
24            yValue = y
25        blueButton.sety(yValue)
26        b = blueButton.ycor()
27        blue = int(b)
28        blueButton.color(0, 0, blue)
29    #定义 changeGreen 函数，功能：改变绿色值
30    def changeGreen(x, y):
31        global green
32        greenButton.pu()
33        if y < 0:
34            yValue = 0
35        elif y > 255:
36            yValue = 255
37        else:
38            yValue = y
39        greenButton.sety(yValue)
40        g = greenButton.ycor()
41        green = int(g)
42        greenButton.color(0, green, 0)
43    #定义 changeRed 函数，功能：改变红色值
44    def changeRed(x, y):
45        global red
46        redButton.pu()
47        if y < 0:
48            yValue = 0
49        elif y > 255:
50            yValue = 255
51        else:
52            yValue = y
53        redButton.sety(yValue)
54        r = redButton.ycor()
55        red = int(r)
56        redButton.color(red, 0, 0)
57    #画点函数
58    def drawDot():
59        t.color(red, green, blue)
60        t.dot(80)
61    t.colormode(255)
```

```
62    #初始化数值
63    red = 255
64    green = 255
65    blue = 255
66    #创建三种颜色的滑块
67    t.tracer(0)
68    blueButton = t.Turtle()
69    createButton(blueButton, -350, 0, 0, 0, 255)
70    greenButton = t.Turtle()
71    createButton(greenButton, -250, 0, 0, 255, 0)
72    redButton = t.Turtle()
73    createButton(redButton, -150, 0, 255, 0, 0)
74    #鼠标事件监听，对应做出相应填充
75    blueButton.ondrag(changeBlue)
76    greenButton.ondrag(changeGreen)
77    redButton.ondrag(changeRed)
78    while True:
79        t.tracer(3)
80        drawDot()
81    t.done()
82    import turtle as t
```

运行结果如图 4-32 所示。

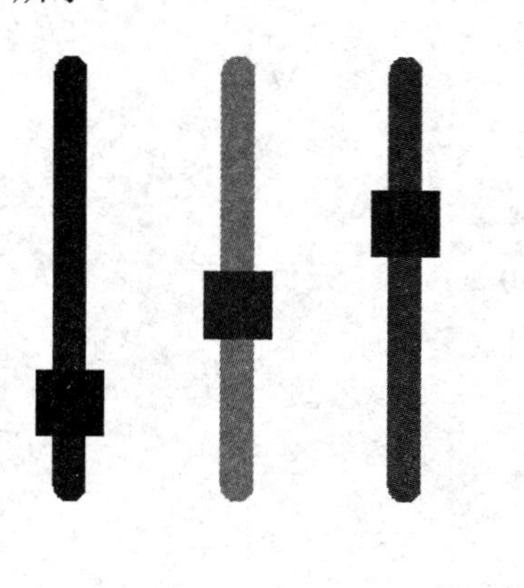

图 4-32　调色效果图

拖动滑块到不同位置，对应海龟的纵坐标值改变，因此滑块颜色也会随之改变，旁边的圆形调色盘则展示三色混合的结果。

当加入混色函数后，三基色参数 red、green、blue 均须声明为全局变量，否则类似调色盘这样的外部函数无法获取变量值。

现在把做好的调色器加入烟花绽放的程序中就能实现一边放烟花一边调整烟花色彩了，代码如下：

```
1   import turtle as t
2   import random
3   #克隆海龟函数
4   def Copy():
5       for i in range(100):
6           q = t.Turtle()
7           q.hideturtle()
8           q.pu()
9           q.goto( 0, 200)
10          q.right(10 * i + random.randint(10, 60))
11          turtlelist.append(q)      #将克隆好的海龟装入列表
12  #定义函数，实现：绘制烟花
13  def  Fireworks():
14      for j in range(5):
15          for j in turtlelist:
16              j.pd()
17              j.pensize(random.randint(1, 3))
18              j.speed(20)
19              j.color( red, green, blue)
20              j.right(1)
21              j.forward(random.randint(15, 55))
22              j.right(random.randint(-5, 5))
23      #逐个清除海龟
24      for j in turtlelist:
25          j.clear()
26      #全部海龟再回到初始位置
27      a=random.randint(-300, 300)
28      b=random.randint(200, 255)
29      for j in turtlelist:
30          j.pu()
31          j.goto( a, b)
32          j.pd()
33          j.right(random.randint(10, 25))
34  #定义 createButton 函数，功能：创建滑块
35  def createButton(t1, x, y, red, green, blue):
36      t1.showturtle()
37      t1.shape('square')
38      t1.shapesize(2, 2)
39      t1.pensize(20)
```

```
40          t1.color(red, green, blue)
41          t1.pu()
42          t1.goto(x, y)
43          t1.seth(90)     #面北
44          t1.pd()
45          t1.forward(255)
46      #---------------改变滑块位置后对应的各参数要随之改变--------------#
47      #定义 changeBlue 函数，功能：改变蓝色值
48      def changeBlue(x, y):
49          global blue      #将 blue 定义为全局变量
50          blueButton.pu()
51           #位置变则坐标范围变
52          if y < -255:
53              yValue = 0
54          elif y > 0:
55              yValue = 0
56          else:
57              yValue = y
58          blueButton.sety(yValue)
59          b = blueButton.ycor()
60          blue = int(-b)                    #位置变则 RGB 值变
61          blueButton.color(0, 0, blue)
62      #定义 changeGreen 函数，功能：改变绿色值
63      def changeGreen(x, y):
64          global green
65          greenButton.pu()
66          if y < -255:
67              yValue = 0
68          elif y > 0:
69              yValue = 0
70          else:
71              yValue = y
72          greenButton.sety(yValue)
73          g = greenButton.ycor()
74          green = int(-g)
75          greenButton.color(0, green, 0)
76      #定义 changeRed 函数，功能：改变红色值
77      def changeRed(x, y):
78          global red
```

```
79          redButton.pu()
80          if y < -255:
81              yValue = 0
82          elif y > 0:
83              yValue = 0
84          else:
85              yValue = y
86          redButton.sety(yValue)
87          r = redButton.ycor()
88          red = int(-r)
89          redButton.color(red, 0, 0)
90      t.colormode(255)
91      #初始化数值
92      red = 255
93      green = 255
94      blue = 255
95      #创建三种颜色的滑块(调整下位置以免挡住烟花)
96      t.tracer(0)
97      blueButton = t.Turtle()
98      createButton(blueButton, 350, -255, 0, 0, 255)      #位置改变
99      greenButton = t.Turtle()
100     createButton(greenButton, 250, -255, 0, 255, 0)
102     redButton = t.Turtle()
103     createButton(redButton, 150, -255, 255, 0, 0)
104     #鼠标事件监听，对应做出相应填充
105     blueButton.ondrag(changeBlue)
106     greenButton.ondrag(changeGreen)
107     redButton.ondrag(changeRed)
108     #设置背景色为黑色
109     t.bgcolor('black')
110     #新建空列表
111     turtlelist = []
112     #绘画过程不能没有但也不能过慢
113     t.tracer(200)
114     Copy()
115     #在循环中重复执行 animation()函数实现动画效果
116     while True:
117         t.tracer(56)
118         Fireworks()
```

本案例中要注意的是调色器的摆放位置和烟花绽放的区域，两者不能冲突，否则调色器会遮挡烟花。

4.4 Turtle 综合项目

从静态的平面图到简单动画，作品逐渐有了生命，接下来我们希望再给作品加上灵魂，让它们具备故事情节。

4.4.1 沙滩里的海龟蛋

第一个故事讲述海龟的陆地生活。海龟适应在水中生活，四肢变成鳍状，利于游泳。而在繁殖季节离水上岸，雌龟将卵产在掘于沙滩的洞穴中。有那么一只雌龟产卵后数日想看望下自己的孩子有没有孵出来，但是由于产卵数量太多不记得具体位置而只记得大概范围了，不过聪明的海龟嗅觉十分灵敏，能够根据气味判断海龟蛋离自己大概还有多远。现在我们来设计一款小游戏帮助海龟寻找海龟蛋。

首先规划一下机制，流程图如图 4-33 所示。

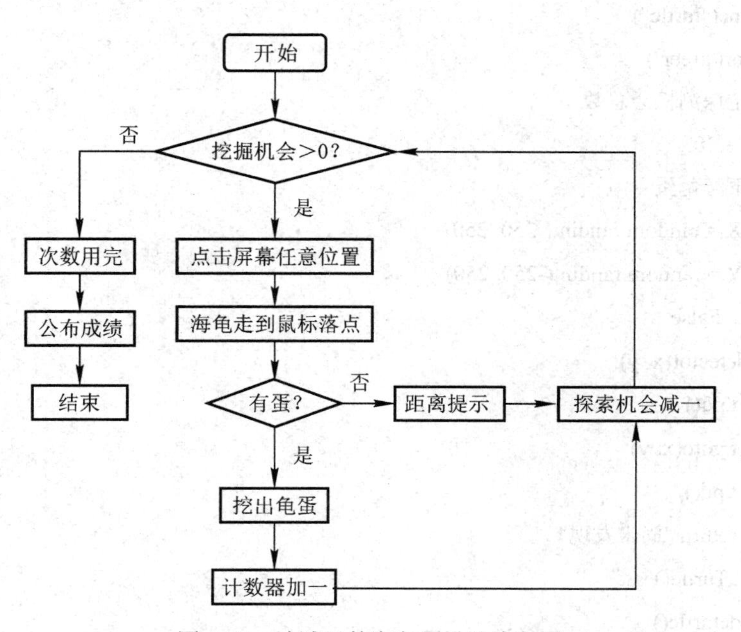

图 4-33 沙滩里的海龟蛋设计流程图

按照流程图首先做一波准备工作，例如，下载一张合适的海滩图片，并把龟蛋埋下，再初始化探索机会总数：

```
1  import turtle as t
2  import random
3  t.bgpic("pic2.png")              #添加一张本地图片为背景图
```

```
4    t.shape("turtle")              #设置海龟形状和颜色
5    t.color('green')
6    #限定探测机会总数
7    total = 30
8    #埋下海龟蛋
9    goldX = random.randint(-250, 250)
10   goldY = random.randint(-250, 250)
```

现在海龟蛋在哪里是看不到的。接下来布局相关的逻辑和交互效果。首先是反馈是否找到海龟蛋的信息，这条信息需要传给其他函数例如计数器，则在定义函数时需要 return 结果，除此以外，还需要展示给玩家，所以需要在屏幕上用文字展示。那么如何确定是否找到海龟蛋呢？需要比对蛋和鼠标点击位置的坐标，参考代码如下：

```
1    import turtle as t
2    import random
3    t.bgpic("pic2.png")
4    t.shape("turtle")
5    t.color('green')
6    #限定探测机会总数
7    total = 30
8    #埋下海龟蛋
9    goldX = random.randint(-250, 250)
10   goldY = random.randint(-250, 250)
11   find = False
12   def detector(x, y):
13       t.pu()
14       t.goto(x, y)
15       t.pd()
16       return "尚未发现！"
17   t2 = t.Turtle()
18   t2.hideturtle()
19   def message(x, y):
20       msg = detector(x, y)
21       t2.clear()                    #清除前一次的文字以便更新内容
22       t2.color('gold')
23       t2.pu()
24       t2.goto(-200, 200)
```

```
25        #书写文字信息，并设置 align(对齐方式)和字体
26        t2.write(msg, align="left", font=("微软雅黑", 30, "bold"))
27    t.onscreenclick(message)              #鼠标监听
28    t.done()
```

可以根据情况调整优化，例如文字样式和去掉海龟行走轨迹等。接下来丰富文字内容，同时补充逻辑，实现四种结果：尚未发现、成功获取、已经完成、机会用完。参考代码如下：

```
1     import turtle as t
2     import random
3     t.bgpic("pic2.png")
4     t.shape("turtle")
5     t.color('green')
6     #限定探测机会总数
7     total = 30
8     #埋下海龟蛋
9     goldX = random.randint(-250, 250)
10    goldY = random.randint(-250, 250)
11    find = 0                  #初始化寻蛋标志
12    def detector(x, y):
13        global find, total
14        t.pu()
15        t.goto(x, y)
16        t.pd()
17        dis = t.distance(goldX, goldY)
18        total -= 1
19        if total >= 0:
20          if find == 0:
21              if dis > 500:
22                return "在探测范围之外，你还有：  " + str(total)+"次探测机会"
23              elif dis > 350:
24                  return "距离海龟蛋的位置十分遥远，你还有：  " + str(total)+"次探测机会"
25              elif dis > 200:
26                  return "距离海龟蛋有一些距离，你还有：  " + str(total)+"次探测机会"
27              elif dis > 100:
28                  return "距离海龟蛋十分近，你还有：  " + str(total)+"次探测机会"
29              else:
30                  find = 1
31                  t.color("yellow")
```

```
32                  t.pu()
33                  t.goto(goldX, goldY)
34                  t.pd()
35                  t.shape("circle")
36                  return "恭喜你找到海龟蛋！ "
37          else:
38              t.shape("turtle")
39              t.color('yellow')
40              return "海龟蛋已经被拿走了"
41      else:
42          return "你没有探测机会啦！"
43  # 用于写字的海龟
44  t2 = t.Turtle()
45  t2.hideturtle()
46  def message(x, y):
47      msg = detector(x, y)
48      t2.clear()
49      t2.color('gold')
50      t2.pu()
51      t2.goto(-200, 200)
52      t2.write(msg, align="left", font=("微软雅黑", 10, "bold"))
53  t.onscreenclick(message)
54  t.done()
```

由于埋下的海龟蛋只有一个，因此当找到海龟蛋后需有提示信息，否则玩家会继续做出无谓的操作。但是游戏只设定一个目标，则趣味性和挑战性都不强，于是考虑改进程序添加目标并对应添加积分机制。而添加方式怎样才合理呢？因为在先前的设计中已经规定了总寻找次数，那么最简单可以采取这样的方案：先投放第一个目标，当第一个目标被发现后再随机放置第二个，以此类推，每寻得一个目标后分数加一，直到次数耗尽。按照这样的逻辑需要添加的步骤就是在寻得海龟蛋之后再重新放置另一个，同时重复执行寻蛋任务。当然同时放置多个目标也是可行的，只是当数量较多时，间距较小，距离提示语句的意义就不大了，放置多个目标的逻辑可参照经典游戏：扫雷。添加积分制的寻蛋游戏后的参考代码如下：

```
1   import turtle as t
2   import random
3   import math
4   t.bgpic("pic2.png")         #设置背景图
5   t.shape("turtle")           #设置海龟形状和颜色
6   t.color('green')
```

```
7	#限定探测机会总数
8	total = 30
9	#埋下海龟蛋
10	score = 0          #初始化已发现海龟蛋数
11	findTreasure = 0
12	def detector(x, y):
13	    global findTreasure, total, score
14	    t.shape("turtle")
15	    t.color('green')
16	    goldX = random.randint(-250, 250)
17	    goldY = random.randint(-250, 250)
18	    t.pu()
19	    t.goto(x, y)
20	    t.pd()
21	    dis = t.distance(goldX, goldY)
22	    total -= 1
23	    if total >= 0:
24	        if score <= 20:
25	            if dis > 500:
26	                return "在探测范围之外，你还有：  " + str(total)+"次探测机会"
27	            elif dis > 350:
28	                return "距离海龟蛋的位置十分遥远，你还有：" + str(total)+"次探测机会"
29	            elif dis > 200:
30	                return "距离海龟蛋有一些距离，你还有：  " + str(total)+"次探测机会"
31	            elif dis > 100:
32	                return "距离海龟蛋十分近，你还有：  " + str(total)+"次探测机会"
33	            else:
34	                findTreasure = 1
35	                t.color("yellow")
36	                t.pu()
37	                t.goto(goldX, goldY)
38	                t.pd()
39	                t.shape("circle")
40	                score +=1
41	                return "恭喜你找到  "+str(score)+"个海龟蛋"
42	                findTreasure == 0
```

```
43        else:
44            return "你没有探测机会啦！合计找到"+str(score)+"个海龟蛋"
45        return total
46    #用于写字的海龟
47    t2 = t.Turtle()
48    t2.hideturtle()
49    def message(x, y):
50        msg = detector(x, y)
51        t2.clear()
52        t2.color('red')
53        t2.pu()
54        t2.goto(-300, 200)
55        t2.write(msg, align="left", font=("微软雅黑", 18, "bold"))
56    t.onscreenclick(message)
57    t.done()
```

一个有血有肉的小游戏就基本成型了，若希望其更加有趣更富挑战性，还可继续优化。

4.4.2　海底觅食

寻找海龟蛋只是海龟在繁殖季节需要做的事情，而日常生活中，海龟大多数时间都是为生计奔波，首先要解决的是温饱问题。海龟的主要食物是海里的小鱼小虾，那么接下来我们就以觅食为主题规划一款桌面小游戏，在此项目中我们将尝试使用键盘控制、角色造型切换以及增加游戏的开始与结束标志等。

同样的，我们先梳理下整个游戏的主线逻辑，如图 4-34 所示。

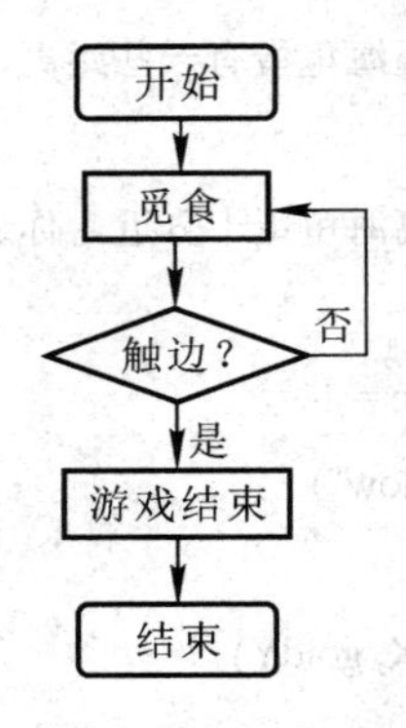

图 4-34　主线逻辑图

代码编写思路可以分步完成。首先准备素材，主要有背景图、食物图及游戏结束标志(也可直接用文字)。素材可以从公开的免费资源网上获取，食物图大致准备三到五份即可。准备好之后先把图片都画上去，代码如下：

```
1    import turtle as t
```

```
2    import random
3    t.bgpic("bg1.png")
4    t.shape("turtle")
5    t.shapesize(3, 3)
6    t.color("dark green")
7    t.penup()
8    #加载食物图片，支持 gif 格式
9    food = t.Turtle()
10   t.addshape('yu1.gif')
11   t.addshape('yu2.gif')
12   t.addshape('yu3.gif')
13   t.addshape('yu4.gif')
14   t.addshape('yu5.gif')
15   shapeList = ['yu1.gif', 'yu2.gif', 'yu3.gif', 'yu4.gif', 'yu5.gif']
16   #绘制食物图案
17   def drawfood():
18       food.hideturtle()
19       food.pu()
20       x = random.randint(-300, 300)
21       y = random.randint(-300, 300)
22       food.goto(x, y)
23       food.shape(shapeList[random.randint(0, 4)])
24       food.showturtle()
25   #添加 gameover 图片并隐藏
26   t.addshape("gameover3.gif")
27   shapeT = t.Turtle()
28   shapeT.shape("gameover3.gif")
29   shapeT.hideturtle()
```

接下来分析觅食过程，当海龟碰到食物时吃掉食物，表现效果为食物消失，而食物素材只有五个，利用有限的素材让游戏不断进行下去可以借鉴海龟寻蛋的方式，在被吃掉的食物消失后，即刻在另一随机位置生成新的食物，为避免视觉疲劳可准备多个食物图片交替出现，交替过程也可随机。另外，如何判断海龟是否碰到食物呢？这就需要测量海龟与食物间的距离，此距离为两者中心点之间的距离，当小于某个值时可判定为吃到食物。规则有了，需要让海龟动起来，海龟在海底游泳是持续不断的，我们可以让海龟持续前行，用键盘的左右键控制方向，那么总体来说需要定义距离检测函数和键盘事件控制函数并调用，代码进一步完善如下：

```
1    import turtle as t
2    import random
3    t.bgpic("bg1.png")
```

```
4	t.shape("turtle")
5	t.shapesize(3, 3)
6	t.color("dark green")
7	t.penup()
8	#加载食物图片，支持 gif 格式
9	food = t.Turtle()
10	t.addshape('yu1.gif')
11	t.addshape('yu2.gif')
12	t.addshape('yu3.gif')
13	t.addshape('yu4.gif')
14	t.addshape('yu5.gif')
15	shapeList = ['yu1.gif', 'yu2.gif', 'yu3.gif', 'yu4.gif', 'yu5.gif']
16	#绘制食物图案
17	def drawfood():
18	    food.hideturtle()
19	    food.pu()
20	    x = random.randint(-300, 300)
21	    y = random.randint(-300, 300)
22	    food.goto(x, y)
23	    food.shape(shapeList[random.randint(0, 4)])
24	    food.showturtle()
25	#添加 gameover 图片并隐藏
26	t.addshape("gameover3.gif")
27	shapeT = t.Turtle()
28	shapeT.shape("gameover3.gif")
29	shapeT.hideturtle()
30	#距离判断函数
31	def isCollided(a, b):
32	    if a.distance(b) < 50:
33	        return True
34	#按键交互事件函数控制方向
35	def turnLeft():
36	    t.left(30)
37	def turnRight():
38	    t.right(30)
39	t.listen()
40	t.onkeypress(turnLeft, "Left")
41	t.onkeypress(turnRight, "Right")
42	while True:
```

```
43        t.forward(2)        #持续前进
44        meal = isCollided(t, food)
45        if meal:
46            t.tracer(1)
47            food.clear()
48            drawfood()
49            t.tracer(1)
```

现在游戏已经初步成型可以玩了，不过还存在很多问题需要进一步修正和优化。例如，海龟可能会跑到窗口以外并且无法知晓它的具体位置，因此我们需要设置边界。触碰到边界的结果可以有多种设计方式，比如设为触边调头或者将边界设计为屏障，不可逾越，类似烟花调色器，也可以设为触边则游戏结束，我们以后者为例：

```
1    import turtle as t
2    import random
3    t.bgpic("bg1.png")
4    t.shape("turtle")
5    t.shapesize(3, 3)
6    t.color("dark green")
7    t.penup()
8    #加载食物图片
9    food = t.Turtle()
10   t.addshape('yu1.gif')
11   t.addshape('yu2.gif')
12   t.addshape('yu3.gif')
13   t.addshape('yu4.gif')
14   t.addshape('yu5.gif')
15   shapeList = ['yu1.gif', 'yu2.gif', 'yu3.gif', 'yu4.gif', 'yu5.gif']
16   #绘制食物图案
17   def drawfood():
18       food.hideturtle()
19       food.pu()
20       x = random.randint(-300, 300)
21       y = random.randint(-300, 300)
22       food.goto(x, y)
23       food.shape(shapeList[random.randint(0, 4)])
24       food.showturtle()
25   #添加 gameover 图片并隐藏
26   t.addshape("gameover3.gif")
27   shapeT = t.Turtle()
28   shapeT.shape("gameover3.gif")
```

```
29  shapeT.hideturtle()
30  #距离判断函数
31  def isCollided(a, b):
32      if a.distance(b) < 50:
33          return True
34  #按键交互事件函数控制方向
35  def turnLeft():
36      t.left(30)
37  def turnRight():
38      t.right(30)
39  t.listen()
40  t.onkeypress(turnLeft, "Left")
41  t.onkeypress(turnRight, "Right")
42  #边缘碰撞检测
43  def crash():
44      x = t.xcor()
45      y = t.ycor()
46      if x > 650 or x < - 650 or y > 300 or y < -300:
47          return True
48  while True:
49      t.forward(2)
50      meal = isCollided(t, food)
51      collide = crash()       #增加边沿检测语句
52      if collide:             #设置游戏结束效果
53          food.hideturtle()
54          t.hideturtle()
55          shapeT.showturtle()
56      elif meal:
57          t.tracer(1)
58          food.clear()
59          drawfood()
60          t.tracer(1)
```

现在游戏从功能到逻辑基本上都没问题了，但游戏一运行海龟就开始跑不太科学，容易措手不及，所以，还差一个开关，我们可以把开关设置成键盘或鼠标按键。由于操作游戏是通过键盘，如果把开关也设为某个按键则容易误操作，因此科学的方式是使用鼠标来控制开关。例如，鼠标左键点击屏幕任意位置设置为开始或重启游戏，这需要呼叫一个海龟躺在屏幕上，用于接收鼠标的点击信号，鼠标点击时好比在它身上戳了一下，立马能感受到，屏幕海龟是海龟模块的内嵌方法 Screen()。同时，还需要把执行程序的主代码封装为主程序便于屏幕海龟调用，参考代码如下：

```
1	import turtle as t
2	import random
3	t.bgpic("bg1.png")
4	t.shape("turtle")
5	t.shapesize(3, 3)
6	t.color("dark green")
7	t.penup()
8	#加载食物图片
9	food = t.Turtle()
10	t.addshape('yu1.gif')
11	t.addshape('yu2.gif')
12	t.addshape('yu3.gif')
13	t.addshape('yu4.gif')
14	t.addshape('yu5.gif')
15	shapeList = ['yu1.gif', 'yu2.gif', 'yu3.gif', 'yu4.gif', 'yu5.gif']
16	#绘制食物图案
17	def drawfood():
18	    food.hideturtle()
19	    food.pu()
20	    x = random.randint(-300, 300)
21	    y = random.randint(-300, 300)
22	    food.goto(x, y)
23	    food.shape(shapeList[random.randint(0, 4)])
24	    food.showturtle()
25	#添加 gameover  图片并隐藏
26	t.addshape("gameover3.gif")
27	shapeT = t.Turtle()
28	shapeT.shape("gameover3.gif")
29	shapeT.hideturtle()
30	#距离判断函数
31	def isCollided(a, b):
32	    if a.distance(b) < 50:
33	        return True
34	#按键交互事件函数控制方向
35	def turnLeft():
36	    t.left(30)
37	def turnRight():
38	    t.right(30)
39	t.listen()
```

```
40    t.onkeypress(turnLeft, "Left")
41    t.onkeypress(turnRight, "Right")
42    #边缘碰撞检测
43    def crash():
44        x = t.xcor()
45        y = t.ycor()
46        if x > 650 or x < - 650 or y > 300 or y < -300:
47            return True
48    def runGame(x, y):                #将主代码封装成函数
49        while True:
50            t.forward(2)
51            meal = isCollided(t, food)
52            collide = crash()      #增加边沿检测语句
53            if collide:              #设置游戏结束效果
54                food.hideturtle()
55                t.hideturtle()
56                shapeT.showturtle()
57            elif meal:
58                t.tracer(1)
59                food.clear()
60                drawfood()
61                t.tracer(1)
62    w= t.Screen()              #画一个屏幕海龟
63    w.onclick(runGame)      #点击屏幕任意位置开始或结束游戏
64    t.done()
```

游戏的框架搭好了，接下来是锦上添花环节。例如，添加计分系统、增加障碍(比如鲨鱼、暗礁、渔网)、补充提示语句等，还可以加大游戏难度，比如随着分值增加速度会越来越快，代码如下：

```
1     import turtle as t
2     import random
3     t.bgpic("bg1.png")
4     t.shape("turtle")
5     t.shapesize(3, 3)
6     t.color("dark green")
7     t.penup()
8     #加载食物图片
9     food = t.Turtle()
10    t.addshape('yu1.gif')
11    t.addshape('yu2.gif')
```

```
12  t.addshape('yu3.gif')
13  t.addshape('yu4.gif')
14  t.addshape('yu5.gif')
15  shapeList = ['yu1.gif', 'yu2.gif', 'yu3.gif', 'yu4.gif', 'yu5.gif']
16  #绘制食物图案
17  def drawfood():
18      food.hideturtle()
19      food.pu()
20      x = random.randint(-300, 300)
21      y = random.randint(-300, 300)
22      food.goto(x, y)
23      food.shape(shapeList[random.randint(0, 4)])
24      food.showturtle()
25  #添加 gameover  图片并隐藏
26  t.addshape("gameover3.gif")
27  shapeT = t.Turtle()
28  shapeT.shape("gameover3.gif")
29  shapeT.hideturtle()
30  #距离判断函数
31  def isCollided(a, b):
32      if a.distance(b) < 50:
33          return True
34  #按键交互事件函数控制方向
35  def turnLeft():
36      t.left(30)
37  def turnRight():
38      t.right(30)
39  t.listen()
40  t.onkeypress(turnLeft, "Left")
41  t.onkeypress(turnRight, "Right")
42  #边缘碰撞检测
43  def crash():
44      x = t.xcor()
45      y = t.ycor()
46      if x > 650 or x < - 650 or y > 300 or y < -300:
47          return True
48  #生成障碍和分数的海龟
49  ob = t.Turtle()
50  ob1 = t.Turtle()
```

```
51  ts = t.Turtle()
52  #计分系统
53  def scoreAdd(s):
54      ts.hideturtle()
55      ts.pu()
56      ts.color("red")
57      ts.goto(-500, 250)
58      ts.write('分数：' + str(s), align="left", font=("Times", 20, "bold"))
59  #添加障碍物
60  def showob():
61      ob.hideturtle()
62      t.addshape('fishtrap3.gif')
63      ob.shape('fishtrap3.gif')
64      ob.left(random.randint(0, 90))
65      ob.pu()
66      ob.goto(random.randint(-300, 0), random.randint(-300, 0))
67      ob.showturtle()
68  def showob1():
69      ob1.hideturtle()
70      t.addshape('shark4.gif')
71      ob1.shape('shark4.gif')
72      ob1.pu()
73      ob1.goto(random.randint(0, 200), random.randint(0, 300))
74      ob1.left(random.randint(0, 90))
75      ob1.showturtle()
76  #障碍碰撞检测
77  def Caught():
78      caught = isCollided(t, ob)
79      return caught
80  def Caught1():
81      caught1 = isCollided(t, ob1)
82      return caught1
83  def obMovement():
84      ob.pu()
85      ob.hideturtle()
86      ob.goto(random.randint(-300, 300), random.randint(-300, 300))
87      ob.showturtle()
88  def obMovement1():
89      ob1.pu()
```

```
90          ob1.hideturtle()
91          ob1.goto(random.randint(-300, 300), random.randint(-300, 300))
92          ob1.showturtle()
93      #增加游戏标题
94      titleT = t.Turtle()
95      titleT.penup()
96      titleT.color("gold")
97      titleT.hideturtle()
98      titleT.goto(0, 300)
99      titleT.write("按左右箭头控制海龟的运动方向，点击屏幕任意位置开始游戏",
        align="center",
100                         font=("Times", 26, "bold"))
102     def runGame(x, y):
103         t.tracer(10)      #调高数值加快图片重载速度
104         ts.clear()        #游戏开始重置分数
105         score = 0
106         scoreAdd(score)
107         t.goto(random.randint(-650, 650), random.randint(-300, 200))
108         drawfood()
109         showob()
110         showob1()
111         shapeT.hideturtle()
112         ob.showturtle()
113         ob1.showturtle()
114         food.showturtle()
115         t.showturtle()
116         t.tracer(1)
117         while True:
118             t.forward(2+score/5)      #速度调整
119             meal = isCollided(t, food)
120             collide = crash()         #增加边沿检测语句
121             caught = Caught()
122             caught1 = Caught1()
123             if collide or caught or caught1:     #修改游戏结束效果
124                 break
125             if meal:
126                 t.tracer(20)      #调高数值加快图片重载速度
127                 score = score + 1
128                 ts.clear()
```

```
129                 scoreAdd(score)
130                 food.clear()
131                 drawfood()
132                 obMovement()
133                 obMovement1()
134                 t.tracer(1)
135         shapeT.showturtle()
136         ob.hideturtle()
137         ob1.hideturtle()
138         food.hideturtle()
139         t.hideturtle()
140     w= t.Screen()              #画一个屏幕海龟
141     w.onclick(runGame)      #点击屏幕任意位置开始或结束游戏
```

除此之外，游戏还有很多的优化思路，比如为了配合难度升级，还可以根据分值改变背景图片以求视觉上达到难度增加的效果，市面上的游戏也是一样，当出了新思路或有了更美的视觉效果时便会更新迭代。

4.4.3　穿越星际

海洋陆地都玩过了，现在再去太空中走走。浩瀚宇宙茫茫星空给人无尽想象，也许每个人都有过驾驶宇宙飞船遨游太空的梦想。现在就让一架小飞机来帮我们实现梦想吧。

先了解下成品的大概情况，初始界面如图 4-35 所示。

图 4-35　穿越星际初始界面

在初始界面上，可看到太空背景和停泊的飞机，太空背景是随机的，每次运行可能看到不同的图片。还有三个旋钮，中间写了 PLAY 的是总开关，上面的数字按钮从文字说明来看是难度选择器，先选择难度再点总开关可以设定游戏难度，若不选直接开始则默认初级难度。点击开始按钮后画面发生变化，如图 4-36 所示。

图 4-36　穿越星际游戏开始界面

这时可看到初始界面的各个按钮消失，同时大大小小的陨石从右方天际陆续飞来，使用键盘的上下左右键可控制飞船移动，用空格键可发出子弹消除陨石障碍，当飞船碰到陨石时游戏结束并公布成绩。

这个作品涉及的元素和逻辑都比前两个作品复杂，可拆分成若干模块分别设计。好比做菜一样，首先准备好各类食材及佐料，再按照时间顺序和食材与佐料间的搭配关系进行烹制。在程序设计中，食材就是各项素材，佐料就是素材的属性等，因此，我们先可对各项元素进行拆分，分为飞船、陨石、背景、按钮。

背景设计了随机改变则需要准备多个背景素材并将其放入列表中。这部分相对比较简单，接下来可以选择飞船造型图片，因为其操控方式与前例比较类似但也有不同，不同之处在于飞船不是持续运动，其方向与运动速度都要通过键盘上下左右键控制。

【例 4-8】 根据项目《海龟觅食》的设计经验和示例代码完成背景及飞船元素的代码填空。

```
1   #调用海龟模块+设置背景
2
3   #加载飞船的 4 个不同造型'shipup.gif'、'shipdown.gif'、'shipright.gif'、'shipleft.gif'
4
5   #初始化飞机造型和位置
6     ship =
7
8   #4 个转向函数
9   def moveUp():
10      ship.seth(90)
11      ship.forward(30)
12      ship.shape('shipup.gif')      #头朝上的飞船图片
13  def moveDown():
```

```
14
15  def moveLeft():
16
17  def moveRight():
18
19  #按键控制事件函数
```

分析　调用海龟模块自不用多说，若是单一背景图也非常简单，但要实现背景随机变化则需要创建列表。加载飞船造型使用 addshape()方法即可，初始化飞船位置可自行定义，转向函数根据示例代码改写即可，按键控制即四个方向的控制。那么参考代码如下：

```
1   import turtle as t
2   t.bgpic("bg1.png")
3   #加载飞船的不同造型
4   t.addshape('shipright.gif')
5   t.addshape('shipleft.gif')
6   t.addshape('shipup.gif')
7   t.addshape('shipdown.gif')
8   #初始化飞机造型和位置
9   ship = t.Turtle()
10  ship.penup()            #细节
11  ship.goto(-200, 200)  #具体位置可自定义
12  ship.shape('shipright.gif')
13  ship.showturtle()
14  #转向函数
15  def moveUp():
16      ship.seth(90)
17      ship.forward(30)
18      ship.shape('shipup.gif')
19  def moveDown():
20      ship.seth(-90)
21      ship.forward(30)
22      ship.shape('shipdown.gif')
23  def moveLeft():
24      ship.seth(180)
25      ship.forward(30)
26      ship.shape('shipleft.gif')
27  def moveRight():
28      ship.seth(0)
29      ship.forward(100)
30      ship.shape('shipright.gif')
```

```
31  # 按键控制
32  t.onkeypress(moveUp, 'Up')
33  t.onkeypress(moveDown, 'Down')
34  t.onkeypress(moveLeft, 'Left')
35  t.onkeypress(moveRight, 'Right')
36  t.listen()
```

再来看陨石，首先从数量上看势必会用到克隆。其次是运动方式，方向由右向左，速度有快有慢。最后陨石应该是从遥远的太空飞来，为了体现这种效果则陨石的初始坐标应该在屏幕右侧边界以外。

【例 4-9】 根据陨石的特点完成克隆陨石和初始位置的代码填空。

```
1   #克隆陨石(白色、球形、大小随机、速度随机，初始时隐藏)
2   def Copy():
3       tName = t.Turtle()
4       r = random.uniform(1, 5)    # uniform 随机实数
5       #完成以下内容
6   
7       #完成以上内容
8       return tName                #克隆的陨石放好等待使用，因此需要用 return
9   #新建列表存放陨石，将 # 替换为参数代码并完成 while 函数代码块
10  stars = []
11  for i in range(40):
12      stars.append(#)
13      #完成以下内容
14  
15      #完成以上内容
16  #定义随机位置的函数，将#替换为参数代码
17  def randomPos(star, minX, maxX, minY, maxY):
18      tx = random.uniform(#, #)
19      ty = random.uniform(#, #)
20      star.penup()
21      star.goto(#, #)
```

分析　根据注释提示便能知道克隆陨石的语句，而初始位置函数是为后面的陨石运动埋下伏笔，设置起点坐标须在窗口以外。因此代码填空如下：

```
1   #克隆陨石(白色、球形、大小随机、速度随机，初始时隐藏)
2   def Copy():
3       tName = t.Turtle()
4       r = random.uniform(1, 5)        # uniform 随机实数
5       tName.hideturtle()
6       tName.color('white')
```

```
7        tName.shape('circle')
8        tName.shapesize( r * 0.2)
9        tName.speed(r)
10       tName.pu()
11       return tName
12   #新建列表存放陨石
13   stars = []
14   i = 0
15   for i in range(40):
16       stars.append(Copy())
17   #定义随机位置的函数
18   def randomPos(star, minX, maxX, minY, maxY):
19       tx = random.uniform(minX, maxX)
20       ty = random.uniform(minY, maxY)
21       star.penup()
22       star.goto(tx, ty)
```

接下来需要分析陨石的运动，可以用流程图来示意，如图 4-37 所示。

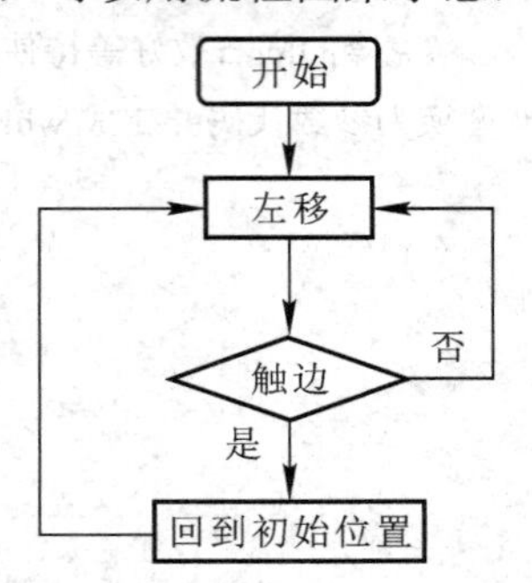

图 4-37　陨石运动设计流程图

整个过程为无限循环，判断是否触边和确定初始位置成为问题关键。由于陨石是平行左移，因此判断是否触边只需获取 X 坐标即可，而初始位置要在屏幕以外也是由 X 坐标决定但同时也需要考虑 Y 坐标，如果 Y 坐标超过界限将会永远看不到陨石。那么屏幕的边界尺寸为多少呢？可分别通过函数 window_width()和 window_height()获取，对应的为窗口原始尺寸而不是最大化后的尺寸，前面学过窗口尺寸设置，这里不再赘述了。另外，陨石是从右往左移，turtle 的初始朝向为正东，则用 forward()会右移。可用 seth()改变朝向，或使用反方向移动的内置函数 backward()。那么这部分代码应该是这样的：

```
1   #移动每个陨石
2   def moveStar(star):
3       step = star.speed()
4       star.backward(step)      #后移
5       check(star)
```

```
6    #获取屏幕尺寸
7    width = t.window_width()
8    height = t.window_height()
9    #将陨石的起点置于屏幕以外
10   for star in stars:
11       randomPos(star, width / 2, 3 * width/2, - height / 2, height / 2)
12       star.showturtle()
13   #边缘检查
14   def check(star):
15       starX = random.uniform(- width / 2, width / 2)
16       starY = random.uniform(- height / 2, height / 2)
17       if star.xcor() < - width / 2:
18           star.hideturtle()
19           star.goto(starX, starY)
20           randomPos(star, width / 2, 3 * width / 2, -height / 2, height / 2)
21           star.showturtle()
22   #在循环中不断移动星星且加入触边判断
23   while True:
24       crashed = False      #定义触边标志初始化为 False
25       for star in stars:
26           moveStar(star)
27           if ship.distance(star) < 40:
28               crashed = True
29               break
30       if crashed:
31           for star in stars:
32               star.hideturtle()
33           break
34   t.done()
```

现将这几部分代码合并，可看到游戏已初步成形：

```
1    import turtle as t
2    import random
3    t.bgpic("bg1.png")
4    #加载飞船的不同造型
5    t.addshape('shipright.gif')
6    t.addshape('shipleft.gif')
7    t.addshape('shipup.gif')
8    t.addshape('shipdown.gif')
9    #初始化飞机造型和位置
```

```
10  ship = t.Turtle()
11  ship.penup()        #细节
12  ship.goto(-200, 200)
13  ship.shape('shipright.gif')
14  ship.showturtle()
15  #转向函数
16  def moveUp():
17      ship.setheading(90)
18      ship.forward(30)
19      ship.shape('shipup.gif')
20  def moveDown():
21      ship.setheading(-90)
22      ship.forward(30)
23      ship.shape('shipdown.gif')
24  def moveLeft():
25      ship.setheading(180)
26      ship.forward(30)
27      ship.shape('shipleft.gif')
28  def moveRight():
29      ship.setheading(0)
30      ship.forward(100)
31      ship.shape('shipright.gif')
32  #按键控制
33  t.onkeypress(moveUp, 'Up')
34  t.onkeypress(moveDown, 'Down')
35  t.onkeypress(moveLeft, 'Left')
36  t.onkeypress(moveRight, 'Right')
37  t.listen()
38  #克隆陨石
39  def Copy():
40      tName = t.Turtle()
41      r = random.uniform(1, 5)
42      tName.hideturtle()
43      tName.color('white')
44      tName.shape('circle')
45      tName.shapesize( r * 0.2)
46      tName.speed(r)
47      tName.pu()
48      return tName
```

```
49  #新建列表存放陨石
50  stars = []
51  i = 0
52  for i in range(40):
53      stars.append(Copy())
54  #定义随机位置的函数
55  def randomPos(star, minX, maxX, minY, maxY):
56      tx = random.uniform(minX, maxX)
57      ty = random.uniform(minY, maxY)
58      star.penup()
59      star.goto(tx, ty)
60  #移动每个陨石
61  def moveStar(star):
62      step = star.speed()
63      star.backward(step)
64      check(star)
65  #获取屏幕尺寸
66  width = t.window_width()
67  height = t.window_height()
68  for star in stars:
69      randomPos(star, width / 2, 3 * width/2, - height / 2, height / 2)
70      star.showturtle()
71  #边缘检查
72  def check(star):
73      starX = random.uniform(- width / 2, width / 2)
74      starY = random.uniform(- height / 2, height / 2)
75      if star.xcor() < - width / 2:
76          star.hideturtle()
77          star.goto(starX, starY)
78          randomPos(star, width / 2, 3 * width / 2, -height / 2, height / 2)
79          star.showturtle()
80  #在循环中不断移动星星且加入碰撞判断
81  while True:
82      crashed = False      #触边标志
83      for star in stars:
84          moveStar(star)
85          if ship.distance(star) < 40:
86              crashed = True
87              break
```

```
88            if crashed:
89                for star in stars:
90                    star.hideturtle()
```

现在游戏只差按钮了。按钮分为游戏总开关和难度选择，难度不选则按默认值开始游戏，因此总开关的优先级高于难度选择。总开关控制整个游戏开始，那么在点击之前飞机是不能动的。因此在飞机转向函数中应添加判断总开关是否被点击的条件。当添加了速度按钮后玩家不能一目了然知道其作用，因此最好加上文字说明。有了总开关之后，游戏不是点开就自动运行，因此游戏运行需要封装为函数，用鼠标监听事件函数来调用，添加按钮后的程序改动如下：

```
1     import turtle as t
2     import random
3     t.tracer(0)        #非常关键，因为 t 的绘图任务较多
4     t.bgpic("bg1.png")
5     #加载飞船的不同造型
6     t.addshape('shipright.gif')
7     t.addshape('shipleft.gif')
8     t.addshape('shipup.gif')
9     t.addshape('shipdown.gif')
10    #初始化飞机造型和位置
11    ship = t.Turtle()
12    ship.penup()
13    ship.goto(-200, 200)
14    ship.shape('shipright.gif')
15    ship.showturtle()
16    #转向函数(有更新)
17    def moveUp():
18        if runflag:        #增加条件，即在游戏开始前飞机不能移动
19            ship.setheading(90)
20            ship.forward(30)
21            ship.shape('shipup.gif')
22    def moveDown():
23        if runflag:
24            ship.setheading(-90)
25            ship.forward(30)
26            ship.shape('shipdown.gif')
27    def moveLeft():
28        if runflag:
29            ship.setheading(180)
```

```
30                  ship.forward(30)
31                  ship.shape('shipleft.gif')
32      def moveRight():
33          if runflag:
34              ship.setheading(0)
35              ship.forward(30)
36              ship.shape('shipright.gif')
37      #按键控制
38      t.onkeypress(moveUp, 'Up')
39      t.onkeypress(moveDown, 'Down')
40      t.onkeypress(moveLeft, 'Left')
41      t.onkeypress(moveRight, 'Right')
42      t.listen()
43      #克隆陨石
44      def Copy():
45          tName = t.Turtle()
46          r = random.uniform(1, 5)
47          tName.hideturtle()
48          tName.color('white')
49          tName.shape('circle')
50          tName.shapesize( r * 0.2)
51          tName.speed(r)
52          tName.pu()
53          return tName
54      #新建列表存放陨石
55      stars = []
56      i = 0
57      for i in range(40):
58          stars.append(Copy())
59      #定义随机位置的函数
60      def randomPos(star, minX, maxX, minY, maxY):
61          tx = random.uniform(minX, maxX)
62          ty = random.uniform(minY, maxY)
63          star.penup()
64          star.goto(tx, ty)
65      #移动每个陨石
66      def moveStar(star):
67          step = star.speed()
68          star.backward(step)
```

```
69        check(star)
70    #获取屏幕尺寸
71    width = t.window_width()
72    height = t.window_height()
73    for star in stars:
74        randomPos(star, width / 2, 3 * width/2, - height / 2, height / 2)
75        star.showturtle()
76    #边缘检查
77    def check(star):
78        starX = random.uniform(- width / 2, width / 2)
79        starY = random.uniform(- height / 2, height / 2)
80        if star.xcor() < - width / 2:
81            star.hideturtle()
82            star.goto(starX, starY)
83            randomPos(star, width / 2, 3 * width / 2, -height / 2, height / 2)
84            star.showturtle()
85    #速度按钮 1
86    speedOne = t.Turtle()
87    speedOne.shapesize(2, 2)
88    speedOne.color('white')
89    t.addshape('speed1.gif')
90    speedOne.shape('speed1.gif')
91    speedOne.pu()
92    speedOne.goto(-150, 300)
93    #速度按钮 2
94    speedTwo = t.Turtle()
95    speedTwo.shapesize(2, 2)
96    speedTwo.color('red')
97    t.addshape('speed2.gif')
98    speedTwo.shape('speed2.gif')
99    speedTwo.pu()
100   speedTwo.goto(0, 300)
101   t.addshape('speed22.gif')
102   #速度按钮 4
103   speedThree = t.Turtle()
104   speedThree.shapesize(2, 2)
105   speedThree.color('white')
106   t.addshape('speed4.gif')
107   speedThree.shape('speed4.gif')
```

```
108  speedThree.pu()
109  speedThree.goto(150, 300)
110  t.addshape('speed44.gif')
111  #速度按钮效果
112  def SpeedOne(x, y):
113      global k
114      speedTwo.showturtle()
115      speedThree.showturtle()
116      k = 1
117      for star in stars:
118          r = random.random() / 2
119          star.speed(r * 5 * k)
120  def SpeedTwo(x, y):
121      global k
122      speedOne.showturtle()
123      speedThree.showturtle()
124      k = 3
125      for star in stars:
126          r = random.random() / 2
127          star.speed(r * 5 * k)
128  def SpeedThree(x, y):
129      global k
130      k = 6
131      speedTwo.showturtle()
132      speedOne.showturtle()
133      for star in stars:
134          r = random.random() / 2
135          star.speed(r * 5 * k)
136  #速度按钮响应函数
137  speedOne.onclick(SpeedOne)
138  speedTwo.onclick(SpeedTwo)
139  speedThree.onclick(SpeedThree)
140  #加入文字说明
141  textTurtle = t.Turtle()
142  def writeNote():
143      t.hideturtle()
144      textTurtle.hideturtle()
145      textTurtle.pu()
146      textTurtle.goto(-250, 150)
```

```
147        textTurtle.color('white')
148        string1 = '选择游戏难度，数字越高难度越大'
149        textTurtle.write(string1, align="left", font=("微软雅黑", 30, "normal"))
150    t.tracer(1)
151    t.delay(0)     #延时函数，去掉则会看到文字会延迟一会儿才出现
152    writeNote()
153    #封装游戏开始函数
154    def runGame():
155        global  runflag
156        start.hideturtle()
157        textTurtle.clear()
158        runflag = True
159        #把每一个星星都随机放置在屏幕上的语句移至此处
160        for star in stars:
161            randomPos(star, width / 2, 3 * width / 2, -height / 2, height / 2)
162            star.showturtle()
163        while True:
164            crashed = False
165            for star in stars:
166                moveStar(star)
167                if ship.distance(star) < 25:
168                    crashed = True
169                    break
170            if crashed:
171                runflag = False
172                for star in stars:
173                    star.hideturtle()
174                break
175    #开始按钮
176    t.addshape('start.gif')
177    start = Copy()
178    start.showturtle()
179    start.pu()
180    start.goto(0, 0)
181    start.shape('start.gif')
182    #开始按钮响应函数
183    def onStart(x, y):
184        runGame()
185    start.onclick(onStart)
```

```
186    t.done()
```

现在游戏的框架没有大问题了，但还有需要优化的地方，例如，速度选择按钮点击后视觉上没有改变，无法给玩家反馈已点击的信息，因此需要给速度按钮加上交互效果，简单的可以通过改变颜色或者大小来体现。另外，允许玩家在开始游戏前改变速度选择，即以最后一次选择为准。还有游戏结束后不能重来也是问题(海龟寻蛋同)，所以我们可以考虑添加重新开始游戏的按钮。以上都属于用户体验范畴，这也是产品设计最重要的地方，除此之外还可以继续锦上添花，比如添加得分、统计生存时间、飞船除了躲避陨石外还可发射子弹击碎陨石和前面提到的随机背景图等等，完善之后的游戏参考代码如下：

```
1     import turtle as t
2     import random
3     import time      #为计时准备
4     t.tracer(0)      #非常关键，因为 t 的绘图任务较多
5     #设置多个背景图案
6     bgpicList = ['bg1.png', 'bg2.png', 'bg3.png']
7     t.bgpic(bgpicList[random.randint(0, 2)])
8     t.delay(0)       #背景切换无延迟
9     #定义更改背景图案的按键事件函数
10    def changeBg():
11        t.bgpic(bgpicList[random.randint(0, 2)])
12    t.onkeypress(changeBg, 'b')      #手动切换背景
13    #加载飞船的不同造型
14    t.addshape('shipright.gif')
15    t.addshape('shipleft.gif')
16    t.addshape('shipup.gif')
17    t.addshape('shipdown.gif')
18    #初始化飞机造型和位置
19    ship = t.Turtle()
20    ship.penup()      #细节
21    ship.goto(-200, 200)
22    ship.shape('shipright.gif')
23    ship.showturtle()
24    #转向函数(有更新)
25    def moveUp():
26        if runflag:      #增加条件，即在游戏开始前飞机不能移动
27            ship.setheading(90)
28            ship.forward(30)
29            ship.shape('shipup.gif')
30    def moveDown():
31        if runflag:
```

```
32              ship.setheading(-90)
33              ship.forward(30)
34              ship.shape('shipdown.gif')
35  def moveLeft():
36      if runflag:
37              ship.setheading(180)
38              ship.forward(30)
39              ship.shape('shipleft.gif')
40  def moveRight():
41      if runflag:
42              ship.setheading(0)
43              ship.forward(30)
44              ship.shape('shipright.gif')
45  #按键控制
46  t.onkeypress(moveUp, 'Up')
47  t.onkeypress(moveDown, 'Down')
48  t.onkeypress(moveLeft, 'Left')
49  t.onkeypress(moveRight, 'Right')
50  t.listen()
51  #克隆陨石
52  def Copy():
53      tName = t.Turtle()
54      r = random.uniform(1, 5)
55      tName.hideturtle()
56      tName.color('white')
57      tName.shape('circle')
58      tName.shapesize( r * 0.2)
59      tName.speed(r)
60      tName.pu()
61      return tName
62  #新建列表存放陨石
63  stars = []
64  i = 0
65  for i in range(40):
66      stars.append(Copy())
67  #定义随机位置的函数
68  def randomPos(star, minX, maxX, minY, maxY):
69      tx = random.uniform(minX, maxX)
70      ty = random.uniform(minY, maxY)
```

```
71          star.penup()
72          star.goto(tx, ty)
73      #移动每个陨石
74      def moveStar(star):
75          step = star.speed()
76          star.backward(step)
77          check(star)
78      #获取屏幕尺寸
79      width = t.window_width()
80      height = t.window_height()
81      for star in stars:
82          randomPos(star, width / 2, 3 * width/2, - height / 2, height / 2)
83          star.showturtle()
84      #边缘检查
85      def check(star):
86          starX = random.uniform(- width / 2, width / 2)
87          starY = random.uniform(- height / 2, height / 2)
88          if star.xcor() < - width / 2:
89              star.hideturtle()
90              star.goto(starX, starY)
91              randomPos(star, width / 2, 3 * width / 2, -height / 2, height / 2)
92              star.showturtle()
93      #速度按钮 1(通过改变颜色来体现交互效果)
94      speedOne = t.Turtle()
95      speedOne.shapesize(2, 2)
96      speedOne.color('white')
97      t.addshape('speed1.gif')
98      speedOne.shape('speed1.gif')
99      speedOne.pu()
100     speedOne.goto(-150, 300)
101     speedOne1 = t.Turtle()
102     t.addshape('speed11.gif')
103     #速度按钮 2
104     speedTwo = t.Turtle()
105     speedTwo.shapesize(2, 2)
106     speedTwo.color('red')
107     t.addshape('speed2.gif')
108     speedTwo.shape('speed2.gif')
109     speedTwo.pu()
```

```
110    speedTwo.goto(0, 300)
111    speedTwo1 = t.Turtle()
112    t.addshape('speed22.gif')
113    #速度按钮 4
114    speedThree = t.Turtle()
115    speedThree.shapesize(2, 2)
116    speedThree.color('white')
117    t.addshape('speed4.gif')
118    speedThree.shape('speed4.gif')
119    speedThree.pu()
120    speedThree.goto(150, 300)
121    speedThree1 = t.Turtle()
122    t.addshape('speed44.gif')
123    #速度按钮效果
124    def SpeedOne(x, y):
125        global k
126        speedTwo.showturtle()
127        speedThree.showturtle()
128        speedTwo1.hideturtle()
129        speedThree1.hideturtle()
130        speedOne.hideturtle()
131        speedOne1.shape('speed11.gif')
132        speedOne1.pu()
133        speedOne1.goto(-150, 300)
134        speedOne1.showturtle()
135        k = 1
136        for star in stars:
137            r = random.random() / 2
138            star.speed(r * 5 * k)
139    def SpeedTwo(x, y):
140        global k
141        speedOne.showturtle()
142        speedThree.showturtle()
143        speedOne1.hideturtle()
144        speedThree1.hideturtle()
145        speedTwo.hideturtle()
146        speedTwo1.shape('speed22.gif')
147        speedTwo1.pu()
148        speedTwo1.goto(0, 300)
```

```
149          speedTwo1.showturtle()
150          k = 3
151          for star in stars:
152              r = random.random() / 2
153              star.speed(r * 5 * k)
154      def SpeedThree(x, y):
155          global k
156          k = 6
157          speedTwo.showturtle()
158          speedOne.showturtle()
159          speedTwo1.hideturtle()
160          speedOne1.hideturtle()
161          speedThree.hideturtle()
162          speedThree1.shape('speed44.gif')
163          speedThree1.pu()
164          speedThree1.goto(150, 300)
165          speedThree1.showturtle()
166          for star in stars:
167              r = random.random() / 2
168              star.speed(r * 5 * k)
169      #速度按钮响应函数
170      speedOne.onclick(SpeedOne)
171      speedTwo.onclick(SpeedTwo)
172      speedThree.onclick(SpeedThree)
173      #加入文字说明
174      textTurtle = t.Turtle()
175      def writeNote():
176          t.hideturtle()
177          textTurtle.hideturtle()
178          textTurtle.pu()
179          textTurtle.goto(-250, 150)
180          textTurtle.color('white')
181          string1 = '选择游戏难度，数字越高难度越大'
182          textTurtle.write(string1, align="left", font=("微软雅黑", 30, "normal"))
183      t.tracer(1)
184      t.delay(0)      #延时函数，去掉会看到文字会延迟一会儿才出现
185      writeNote()
186      #子弹函数
187      t.addshape('weapon2.gif')          #子弹造型
```

```
188  def Weapon():
189      global weapon, weaponflag, weaponHeading, runflag
190      if runflag:
191          currentShape = ship.shape()
192          if currentShape == 'shipright.gif':
193              weaponPosX = ship.xcor() + 50
194              weaponPosY = ship.ycor()
195              weapon.seth(0)
196          elif currentShape == 'shipup.gif':
197              weaponPosX = ship.xcor()
198              weaponPosY = ship.ycor() + 50
199              weapon.seth(90)
200          elif currentShape == 'shipdown.gif':
201              weaponPosX = ship.xcor()
202              weaponPosY = ship.ycor() - 50
203              weapon.seth(270)
204          else:
205              weaponPosX = ship.xcor() - 50
206              weaponPosY = ship.ycor()
207              weapon.seth(180)
208          weapon.pu()
209          weapon.showturtle()
210          weapon.goto(weaponPosX, weaponPosY)
211          weaponflag = True
212  t.onkeypress(Weapon, 'space')                    #发射子弹
213  #加入游戏坚持时间
214  def gameTime(S):
215      global tText
216      tText = t.Turtle()
217      tText.color('white')
218      tText.penup()
219      tText.goto(-190, -200)
220      string1 = '你坚持的时间是：' + str(int(S)) + ' 秒'
221      tText.write(string1, align="left", font=("微软雅黑", 30, "normal"))
222  #加入检测飞船是否碰撞到画面边缘
223  def shipCollide(ship):
224      shipX = ship.xcor()
225      shipY = ship.ycor()
226      if shipX < -width / 2 or shipX > width / 2 or shipY > height / 2 or shipY < -height / 2:
```

```
227                 return True
228             else:
229                 return False
230         #封装游戏开始函数
231         def runGame():
232             global stars, start, restart, weapon, weaponHeading, weaponflag, runflag
233             for star in stars:                        #情况之前的陨石
234                 star.hideturtle()
235             speedOne1.hideturtle()
236             speedTwo1.hideturtle()
237             speedThree1.hideturtle()
238             restart.hideturtle()
239             start.hideturtle()
240             textTurtle.clear()
241             runflag = True
242             weapon = t.Turtle()
243             weapon.hideturtle()
244             weapon.shape('weapon2.gif')
245             weapon.color('red')
246             weaponflag = False
247             for star in stars:
248                 randomPos(star, width / 2, 3 * width / 2, -height / 2, height / 2)
249                 star.showturtle()
250             t0 = time.time()
251             while True:
252                 if weaponflag:
253                     weapon.fd(5)
254                 crashed = False
255                 collided = False
256                 #判断飞船是否碰到画面边缘，如果碰到就跳出循环
257                 if shipCollide(ship):
258                     collided = True
259                     ship.goto(0, 0)
260                     break
261                 for star in stars:
262                     moveStar(star)
263                     if weapon.distance(star) < 5:
264                         star.hideturtle()
265                     if ship.distance(star) < 25:
```

```
266                 crashed = True
267                 break
268         if crashed:
269             runflag = False
270             for star in stars:
271                 star.hideturtle()
272             weapon.hideturtle()
273             break
274     #游戏失败后获取玩家存活时间，并将所有元素归位
275     t1 = time.time()
276     tGap = t1 - t0
277     gameTime(tGap)
278     restart.showturtle()
279     speedOne.showturtle()
280     speedTwo.showturtle()
281     speedThree.showturtle()
282     textTurtle.showturtle()
283     writeNote()
284 #开始按钮
285 t.addshape('start.gif')
286 start = Copy()
287 start.showturtle()
288 start.pu()
289 start.goto(0, 0)
290 start.shape('start.gif')
291 #重新开始按钮
292 t.addshape('restart.gif')
293 restart = Copy()
294 restart.showturtle()
295 restart.pu()
296 restart.goto(0, 0)
297 restart.shape('restart.gif')
298 restart.hideturtle()
299 #开始按钮响应函数
300 def onStart(x, y):
301     runGame()
302 #重新开始按钮响应函数
303 def onRestart(x, y):
304     tText.clear()
```

```
305        runGame()
306    start.onclick(onStart)
307    restart.onclick(onRestart)
308    t.done()
```

通过本章学习，对 Python 的标准图形化编程标准库 Turtle 有了较为全面的了解，同时还进入了更广阔的探索空间。运用好 Turtle 可设计出丰富多彩的平面静态及动态作品，Turtle 也有不足之处和其未涉及的领域，例如声音，而一些优秀的第三方库对其做出了补充，例如 pygame 等，这些都是值得学习的优秀模块。

习　题　四

4.1　在窗口任意位置画两个半径为 50 的相交圆，边框为黑色，笔触大小为 5，填充为红色。

4.2　画一朵如图 4-38 所示的小花。

4.3　绘制如图 4-39 所示的螺旋图案。

图 4-38　小花效果图

图 4-39　螺旋效果图

4.4　用马赛克方块绘制英文字母，例如图 4-40 所示的 AI 图案。

4.5　设计程序，让题 4.3 的图案转动起来。

4.6　设计一款打枣小游戏，画一棵枣树(可使用网络图片)，点击“打枣”按钮后枣子纷纷落下，控制底部篮子左右移动接枣，可加上计时和计分系统，界面可参考图 4-41 所示。

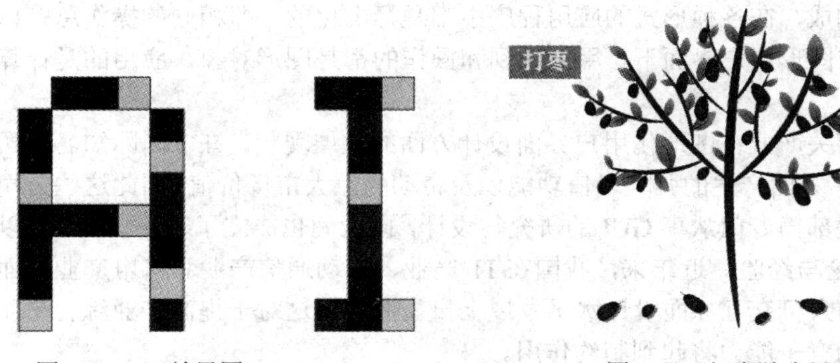

图 4-40　AI 效果图　　　　图 4-41　打枣游戏界面图

第五章　用户界面开发

软件设计可分为两个部分：编码设计与用户界面设计。后者也叫 UI 设计，UI 是英文单词 User 和 Interface 的缩写，翻译过来也就是用户界面。什么是用户界面呢？简单来说就是用户可以输入指令，程序反馈输出用户能看懂的信息，比如 IDLE 就是一种用户界面，它以文字形式与用户进行交互，因此也是一种文字用户界面。第四章学习的 Turtle 模块，还多了一个独立的弹出窗口，在这个窗口里代码变成了几何图形和动画，并且用户还可以进行相关操作，例如，点击某个图片后触发新的事件，这也是用户与程序之间的交互，并且这种交互比 IDLE 的体验更好。Turtle 的交互窗口因其不仅支持文字还支持图像信息，因此也叫作图形用户界面(Graphical User Interface，GUI)。我们上网、使用软件都会用到 GUI，例如电脑及手机的操作系统、Web 浏览器、各类 PC 端程序和移动端 APP 都是 GUI。而 Python 中不管是 IDLE 还是 Turtle 的界面都是不能进行修改即二次开发的，那么能否自己开发用户界面来实现我们想要的交互效果呢？当然是可以的，且有很多 GUI 开发模块都适用于 Python。

5.1　图形用户界面

总的来说，图形用户界面实现人机交互分为用户输入和电脑输出两部分，用户一般通过鼠标、键盘和其他外界设备来完成信号输入(触屏硬件通过传感器模拟鼠标指令)。用户使用鼠标、键盘或其他输入设备操纵屏幕上的图标或菜单选项，以选择命令、调用文件、启动程序或执行其他一些日常任务。与通过键盘输入文本或字符命令来完成例行任务的字符界面相比，图形用户界面有许多优点。图形用户界面由窗口、下拉菜单、对话框及其相应的控制机制构成，在各种形式的应用程序中都是标准化的，即相同的操作总是以同样的方式来完成。在图形用户界面下，用户看到和操作的都是图形对象，应用的是计算机图形学的技术。

纵观国际相关产业在图形化用户界面设计方面的发展现状，许多国际知名公司早已意识到 GUI 在产品方面产生的强大增值功能以及带动的巨大市场价值，因此这些公司在公司内部设立了相关部门专门从事 GUI 的研究与设计，同业间也成立了若干机构，用以互相交流 GUI 设计理论与经验。近年来，我国在 IT 产业、移动通信产业和家电产业方面发展迅猛，而在产品的人机交互界面设计水平发展上日显滞后，这对于提高产业综合素质，提升与国际同业者的竞争能力将起到制约作用。

GUI 的广泛应用是当今计算机发展的重大成就之一，它极大地方便了非专业用户的使用。人们从此不再需要死记硬背大量的命令，取而代之的是可以通过窗口、菜单和按键等方式来方便地进行操作。因此，用户体验也成为 GUI 的重要评判标准之一。综合来看，嵌入式 GUI 应具有以下几个方面的基本要求：轻型、占用资源少、高性能、高可靠性、便于移植、可配置。

5.1.1　GUI 的组成

根据日常应用，可以把 GUI 大致分成以下几个模块。

1. 桌面

桌面是启动时的第一个界面，也是所有界面的最底层，包括窗口、应用程序图标、文件浏览器等在内的图形化环境。而桌面上的应用程序图标只是程序的虚拟开关，被统一存放在一个文件夹内并以图片形式展示在桌面上。桌面背景、图标形态及窗口分布都是影响 GUI 视觉美观的元素。如图 5-1 所示是 Windows 10 的桌面。

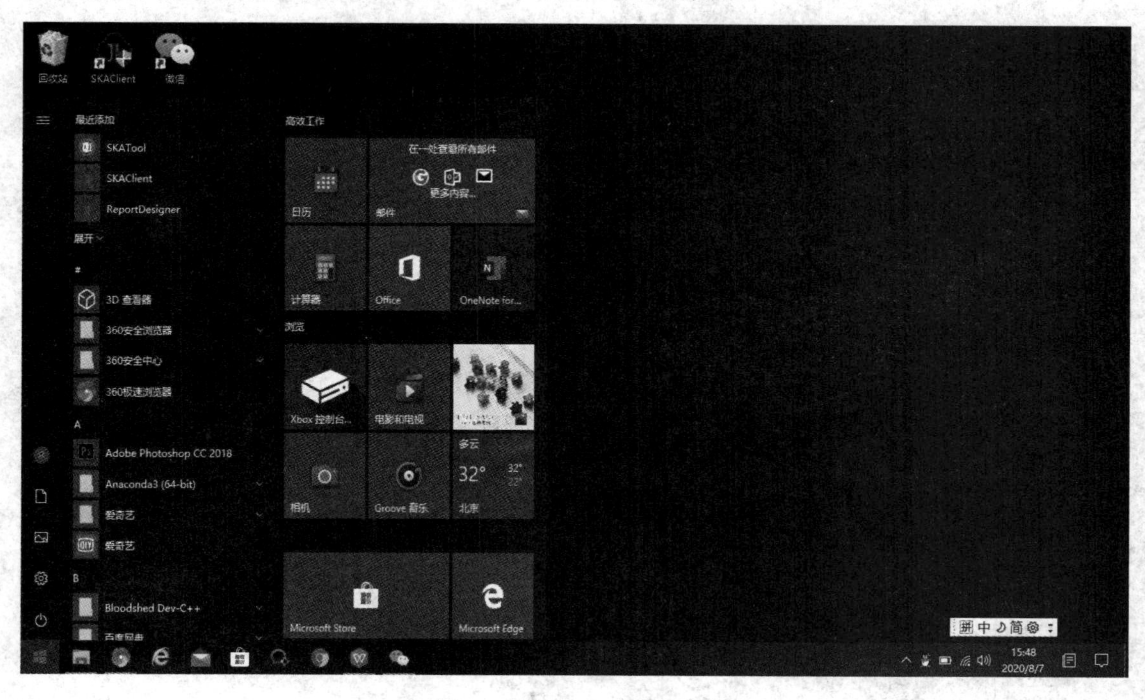

图 5-1　Windows 10 桌面

2. 视窗

视窗也叫窗口，是应用程序为使用数据而在图形用户界面中设置的基本单元。应用程序的输出和用户的操作都在窗口内完成，例如数据的管理、生成和编辑。通常在窗口四周设有菜单和图标，数据放在中央，如 Web 浏览器、Office 软件等。

在窗口中，根据各种数据和应用程序的内容设有标题栏，一般放在窗口的最上方，并在其中设有最大化、最小化(隐藏窗口，并非消除数据)、置顶、缩进(仅显示标题栏)等动作按钮，可以简单地对窗口进行操作，例如图 5-2 所示的 IE 视窗。

图 5-2　IE 视窗

3. 图标

图标用于显示管理数据的应用程序中的数据，或者显示应用程序本身。如果把应用程序比喻成房间，则图标就是门。通常情况下，图标的图案显示的是数据的内容或者与数据相关联的信息。点击数据的图标可以启动应用程序或者查看应用程序的相关属性等信息，例如图 5-3 所示的 IE 图标。

图 5-3　IE 图标

4. 多文件界面

多文件界面也就是通常所说的文件夹，它是存放一个或多个程序和展示其图标的界面，便于文件的收纳与管理，例如图 5-4 所示的 IE 文件夹界面。

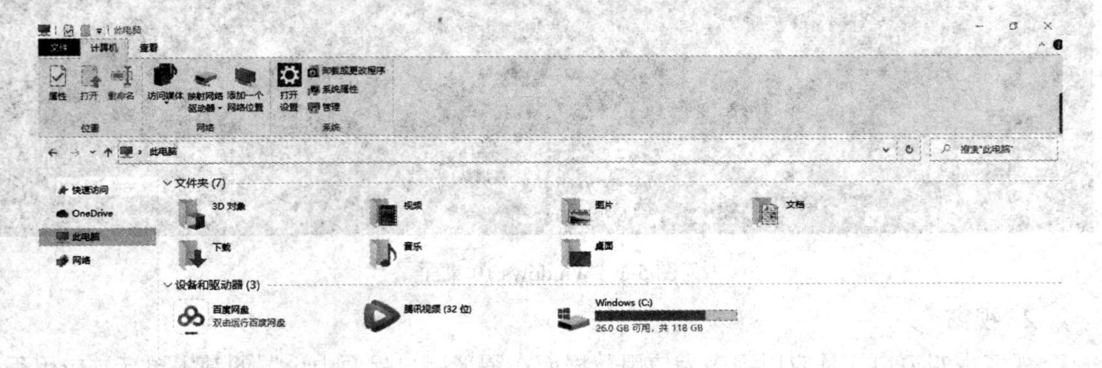

图 5-4　IE 文件夹界面

5. 菜单

菜单是将系统可以执行的命令以阶层的方式显示出来的一个界面。菜单一般置于画面的最上方或者最下方，应用程序能使用的所有命令几乎全部都能放入其中，重要程度一般是从左到右，越往右重要度越低。命令的层次根据应用程序的不同而不同，一般重视文件的操作、编辑功能，因此放在最左边，然后往右有各种设置等操作，最右边往往设有帮助。一般使用鼠标的第一按钮来操作菜单。菜单下还可设置子菜单，一般用“⬇”标志，点击后会出现新的小窗口，子菜单下还可继续设置多级子菜单，包含下一级子菜单的项一般会用“➡”示意，如图 5-5 所示的 IE 菜单。

文件(F)　编辑(E)　查看(V)　收藏夹(A)　工具(T)　帮助(H)

图 5-5　IE 菜单

6. 按钮

按钮是以可点击的图标展示在程序中的指令，方便用户第一时间看到和使用，一般使用鼠标左键单击的形式。设计成按钮的多为使用频率较高的指令。由于不同用户使用的命令频率是不一样的，因此这种配置一般都是可以由用户自定义编辑的，如图 5-6 所示的 IE 部分按钮。

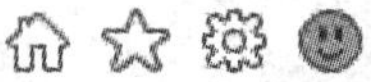

图 5-6　IE 部分按钮

5.1.2　Python 常用 GUI 库

Python 中较为出名的 GUI 库有标准库也有第三方库，第三方库需要下载并安装，而 Python 的第三方 GUI 库种类丰富，开发者可根据实际情况和个人喜好选择一款。这里简单介绍几款常用的 GUI 库。

1. Tkinter

Tkinter 模块(亦称“Tk 接口”)是 Python 的标准 Tk GUI 工具包的接口，即 Python 的标准库， IDLE 就是用 Tkinter 编写的。Tk 和 Tkinter 不仅可以在大多数的 UNIX 平台下使用，同样还可以应用于 Windows 和 Macintosh 系统。Tk8.0 的后续版本可以实现本地窗口风格，并良好地运行在绝大多数平台中。

Tkinter 包含了若干模块，Tk 接口被封装在一个名为 _tkinter (tkinter 的早期版本) 二进制模块里。 这个模块包含了 Tk 的低级接口，因而它不会被程序员直接应用。它通常表现为一个共享库(或 DLL 文件)，但在一些版本中它与 Python 解释器结合在一起。在 Tk 接口的附加模块中，Tkinter 包含了一些 Python 模块，保存在标准库的一个子目录里，称为 Tkinter。Tkinter 中有两个重要的模块，一个是 Tkinter 自己，另一个叫作 Tkconstants。前者自动导入后者，所以如果使用 Tkinter，仅仅导入一个模块就可以。在 Python3.x 中 Tkinter 已经更改为 Tkinter，其使用方法是 import Tkinter。ttk 是在 Tkinter 中一个非常重要的模板，原来 Tkinter 组件是以 Windows 经典主题显示的，而 ttk 使用的是 Windows 默认的主题。

Tkinter 的优点是创建和使用都很简单；其缺点是性能较差，执行速度较慢。

2. PyQt

PyQt 是一个创建 GUI 应用程序的工具包，它是 Python 编程语言和 Qt 库的成功融合。Qt 库是目前最强大的库之一。PyQt 是由 Phil Thompson 开发的。PyQt 实现了一个 Python 模块集，有超过 300 个类，将近 6000 个函数和方法。PyQt 是一个多平台的工具包，可以运行在所有主要操作系统上，包括 UNIX、Windows 和 Mac。PyQt 采用双许可证，开发人员可以选择 GPL 和商业许可。在此之前，GPL 的版本只能用在 UNIX 上，从 PyQt 的版本 4 开始，GPL 许可证可用于所有支持的平台。

PyQt 可用的类有很多，它们通常被分成如下几个模块：

(1) QtCore 模块包含核心的非 GUI 功能。该模块用于时间、文件和目录、各种数据类型、流、网址、MIME 类型、线程或进程。

(2) QtGui 模块包含图形组件和相关的类，例如按钮、窗体、状态栏、工具栏、滚动条、位图、颜色、字体等。

(3) QtNetwork 模块包含网络编程的类，这些类允许编写 TCP/IP 和 UDP 的客户端和服务器，它们使网络编程更简单、更轻便。

(4) QtXml 包含使用 XML 文件的类，这个模块提供了 SAX 和 DOM API 的实现。

(5) QtSvg 模块提供显示 SVG(可缩放矢量图形)文件的类。SVG 是一种用于描述二维图形和图形应用程序的 XML 语言。

(6) QtOpenGL 模块使用 OpenGL 库渲染 3D 和 2D 图形，该模块能够无缝集成 Qt 的 GUI 库和 OpenGL 库。

(7) QtSql 模块提供用于数据库的类。

PyQt 已经超越了一个完整 GUI 开发库的范畴，提供很多非 GUI 的基础功能，因此，PyQt 在具有 C++ 经验的开发人员中非常流行。

3. PyGTK

PyGTK 是可用 Python 轻松创建具有图形用户界面的程序。其底层的 GTK+提供了各种可视元素和功能，能开发在 GNOME 桌面系统运行的功能完整的软件。

PyGTK 具有跨平台性，它能不加修改地稳定运行于各种操作系统之上，如 Linux、Windows、MacOS 等。除了简单易用和快速的原型开发能力外，PyGTK 还有一流的处理本地化语言的独特功能。

PyGTK 是开放软件，所以用户几乎可以没有任何限制地使用、修改、分发和研究它，因为它是基于 LGPL 协议发布的。

此外，前面提到的 GTK+是用 C 语言开发的，具有跨平台的 GUI 库，是 GNOME 桌面系统(Linux)和 GIMP 图像编辑器的开发工具箱，是世界上许多程序员的选择。与 GTK+同一领域的还有 Qt 库，它是由商业公司开发的 C++图形库。

4. wxPython

就如同 Python 和 wxWidgets 一样，wxPython 也是一款开源软件，并且具有非常优秀的跨平台能力，能够支持运行在 32 /64 位 Windows、绝大多数的 UNIX 或类 UNIX 系统、Macintosh OS X 下。

wxPython 是 Python 编程语言的一个 GUI 工具箱，它使得 Python 程序员能够轻松地创建具有健壮性、功能强大的图形用户界面程序。它是 Python 语言对流行的 wxWidgets 跨平台 GUI 工具库的绑定。wxWidgets 是用 C++语言编写的。

wxPython 是跨平台的，这意味着同一个程序可以不经修改地在多种平台上运行。由于使用 Python 作为编程语言，wxPython 编写简单、易于理解。

本章就以 wxPython 为例讲解 GUI 设计。

5.2　wxPython 开发

wxPython 是 Python 语言的一套优秀的 GUI 图形库，允许程序员很方便地创建完整的、功能健全的 GUI 用户界面。

5.2.1　wxPython 下载与安装

1. 下载 wxPython

进入 wxPython 官网首页 https://pypi.org/project/wxPython/，点击左侧选项中的“Download files”，或直接打开网址 https://pypi.org/project/wxPython/4.0.0b2/#files，选择对应的 Python 版本和操作系统版本(Python3.6 Windows X64 对应 cp36-win_amd64)下载，如图 5-7 所示。

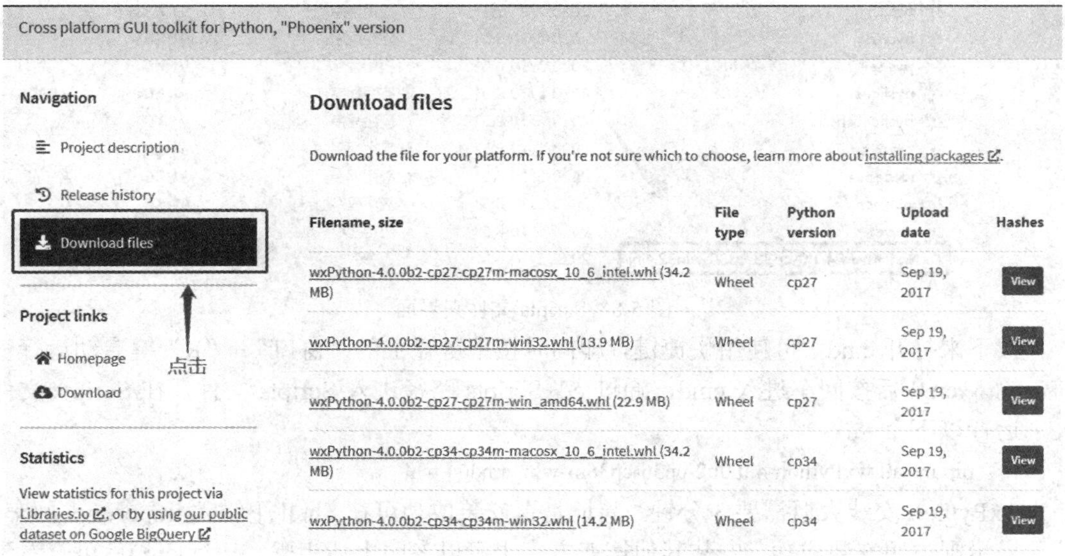

Cross platform GUI toolkit for Python, "Phoenix" version

Navigation
Project description
Release history
Download files
点击
Project links
Homepage
Download
Statistics
View statistics for this project via Libraries.io, or by using our public dataset on Google BigQuery

Download files

Download the file for your platform. If you're not sure which to choose, learn more about installing packages.

Filename, size	File type	Python version	Upload date	Hashes
wxPython-4.0.0b2-cp27-cp27m-macosx_10_6_intel.whl (34.2 MB)	Wheel	cp27	Sep 19, 2017	View
wxPython-4.0.0b2-cp27-cp27m-win32.whl (13.9 MB)	Wheel	cp27	Sep 19, 2017	View
wxPython-4.0.0b2-cp27-cp27m-win_amd64.whl (22.9 MB)	Wheel	cp27	Sep 19, 2017	View
wxPython-4.0.0b2-cp34-cp34m-macosx_10_6_intel.whl (34.2 MB)	Wheel	cp34	Sep 19, 2017	View
wxPython-4.0.0b2-cp34-cp34m-win32.whl (14.2 MB)	Wheel	cp34	Sep 19, 2017	View

图 5-7　wxPython 下载页面

安装时需要使用 pip，pip 已随 Python 安装为 Python 的内嵌工具，也是 Python 中安装第三方库的工具，如果不知道本机 pip 支持哪些版本可运行以下代码查询：

```
>>> import pip
>>> print(pip.pep425tags.get_supported())
>>> import pip._internal    #64 位系统使用此命令
```

>>> print(pip._internal.pep425tags.get_supported())

例如，查看结果如下：

[('cp38', 'cp38', 'win32'), ('cp38', 'none', 'win32'), ('py3', 'none', 'win32'), ('cp38', 'none', 'any'), ('cp3', 'none', 'any'), ('py38', 'none', 'any'), ('py3', 'none', 'any'), ('py37', 'none', 'any'), ('py36', 'none', 'any'), ('py35', 'none', 'any'), ('py34', 'none', 'any'), ('py33', 'none', 'any'), ('py32', 'none', 'any'), ('py31', 'none', 'any'), ('py30', 'none', 'any')]

那么'py30'～'py37'基本上都是可以的。

2. 安装 wxPython

wxPython 下载完成后是.whl 文件，将文件拷贝到 Python 的安装目录/Scripts 文件夹下，如图 5-8 所示。

› AppData › Local › Programs › Python › Python38-32 › Scripts

名称	修改日期	类型	大小
easy_install	2020/2/2 17:17	应用程序	91 KB
easy_install-3.8	2020/2/2 17:17	应用程序	91 KB
f2py	2020/5/10 8:51	应用程序	91 KB
helpviewer	2020/5/10 8:51	应用程序	91 KB
img2png	2020/5/10 8:51	应用程序	91 KB
img2py	2020/5/10 8:51	应用程序	91 KB
img2xpm	2020/5/10 8:51	应用程序	91 KB
pip	2020/2/2 17:17	应用程序	91 KB
pip3.8	2020/2/2 17:17	应用程序	91 KB
pip3	2020/2/2 17:17	应用程序	91 KB
pycrust	2020/5/10 8:51	应用程序	91 KB
pyshell	2020/5/10 8:51	应用程序	91 KB
pyslices	2020/5/10 8:51	应用程序	91 KB
pyslicesshell	2020/5/10 8:51	应用程序	91 KB
pywxrc	2020/5/10 8:51	应用程序	91 KB
wxdemo	2020/5/10 8:51	应用程序	91 KB
wxdocs	2020/5/10 8:51	应用程序	91 KB
wxget	2020/5/10 8:51	应用程序	91 KB
wxPython-4.1.0-cp38-cp38-win32.whl	2020/5/10 8:09	WHL 文件	14,547 KB

图 5-8　Scripts 文件夹界面

接下来打开 cmd，可使用快捷键，即同时按下键盘上的“窗口”+“R”键启动运行窗口，输入 cmd 后按回车进入 cmd，通过 cd+Scripts 路径进入 Scripts 文件，在/Scripts 文件夹下运行以下命令：

pip install wxPython-4.0.0b2-cp36-cp36m-win_amd64.whl

wxPython 安装大概需要 3 分钟，验证是否安装成功可在 Shell 下键入 import wx 回车，若无提示则说明安装成功。安装其他第三方库也可以参照上述步骤。运行 dir()后可查看到 wx 下有如下内嵌方法：

['__annotations__', '__builtins__', '__doc__', '__file__', '__loader__', '__name__', '__package__', '__spec__', 'pip', 'wx']

安装完成后可以运行一个小程序测试一下：

```
1    import wx        #导入 wxPython 库
```

```
2    app = wx.App()        #创建一个应用程序对象
3    win = wx.Frame(None, -1, '穿越星际')     #创建窗体对象
4    btn = wx.Button(win, label = 'Play')      #在窗体中创建一个按钮
5    win.Show()         #显示窗体
6    app.MainLoop()      #运行程序
```

运行结果如图 5-9 所示。

图 5-9　测试程序运行结果

根据注释可知，运行这段代码创建了一个叫穿越星际的窗体，并在窗体中创建了一个叫 Play 的按钮，当鼠标移动到按钮区域时按钮会变色，单击按钮也会有颜色变化，这是 wx 自带的按钮交互效果。

5.2.2　wxPython 基本步骤

wxPython 开发是一步步进行的，总结起来有以下几个基本步骤。

1. 导入 wx 模块

进行 GUI 开发要用到相应的模块，所以第一步自然是先导入模块，可使用指令 import wx。因此 wxPython 模块名就是 wx。wx 不仅只在 Python 中有，只是我们使用的是基于 Python 语言的 wx。

2. 定义应用程序类的一个对象

App 是 application(应用程序)前三个字母的简写，app = wx.App()表示创建了一个应用程序对象。

3. 创建一个顶层窗口的 wx.Frame 类的对象

应用程序创建好后需要创建窗口，窗口是应用程序必要的组成部分，因此这一步必不

可少，窗口至少为一个。

wx.Frame 类可以是不带参数的默认构造函数。它也有一个重载的构造函数，需要下列参数：

```
wx.Frame(parent, id, title, pos, size, style, name)
```

(1) parent：窗口的父类。如果为“None”，则被选择的对象在顶层窗口；如果“None”未被选择，则窗体显示在父窗口的顶层。

(2) id：窗口标识，通常取“-1”，指自动生成标识符。

(3) title：窗口标题，是窗口的名字，用于彰显其身份，便于用户识别。

以上属性都必须在创建窗口时设置，其余几项为默认参数，可传可不传。

(4) pos：坐标属性，为窗口的初始位置，若不传则系统默认为缺省值 wxDefaultPosition。

(5) size：窗口尺寸，即窗口的初始大小，若不传则系统默认为缺省值 wxDefaultsize。尺寸也是影响 UI 美观和操作性的重要因素，在设计移动端 App 时需要适配不同的设备，以方便用户浏览和使用。

(6) style：窗口外观，即窗口的初始样式和风格，若不传则系统默认为缺省值 wxDefaultstyle。

(7) name：对象的内部名称，类似小名。

例如，win = wx.Frame(None, -1, '穿越星际')即创建了一个自动生成标识符的标题为“穿越星际”的顶层窗口。

4. 添加内容

wx.Button 用于添加文本、图片或按钮等内容，btn = wx.Button(win, label = 'Play')表示在 Windows 窗口中创建一个标签为 Play 的按钮。

5. 激活框架窗口

使用 show()方法将窗口展示在桌面上。

6. 输入应用程序对象的主事件循环

进入一个主事件处理循环，让窗口处于等待状态，接收用户的输入指令后引发对象完成某种功能。因此，app.MainLoop()是一个事件处理函数。

5.2.3　wxPython 常用类

Frame 是 wxPython 中的一个关键类，前面已做说明，除此之外 wxPython 还有很多常用类，下面举例说明。

1. Panel

Panel 的字面意思是面板，常见的电视、空调等的遥控器就是面板。在面板上集成了按钮、显示屏等组件，而软件的面板则对应有按钮、文本框等组件。它们的形状大小、排列方式都需要进行设计。窗口在创建时大小位置随之确定的定位方式称为绝对定位。虽然绝对定位方便，能实现标准化，但也存在一系列问题，例如定位不灵活、大小调整困难且容易受设备、操作系统甚至字体影响引起失真等。而 Panel 可解决以上问题，它通过大小测定器(sizer)来进行布局管理。所有的 sizer 都继承自 wx.Sizer 类，但 wx.Sizer 类并不被直接使用，而是使用其各种子类。常用子类如表 5-1 所示。

表 5-1 wx.Sizer 常用子类表

子 类 名	描 述
wx.BoxSizer	窗口小部件布置成垂直或水平框
wx.StaticBoxSizer	添加 staticbox 围绕测定器
wx.GridSizer	每个单元在网格大小相等的单元内增加一个控件
wx.FlexGridSizer	控件加入单元网格(可以占据多个单元格)
wx.GridBagSizer	准确地定位在网格中，可横跨多个行或列

其调用格式为：

wx.Panel.SetSizer(wx.***Sizer())

表 5-1 中的五类 sizer 的样式示意如图 5-10～图 5-14 所示。

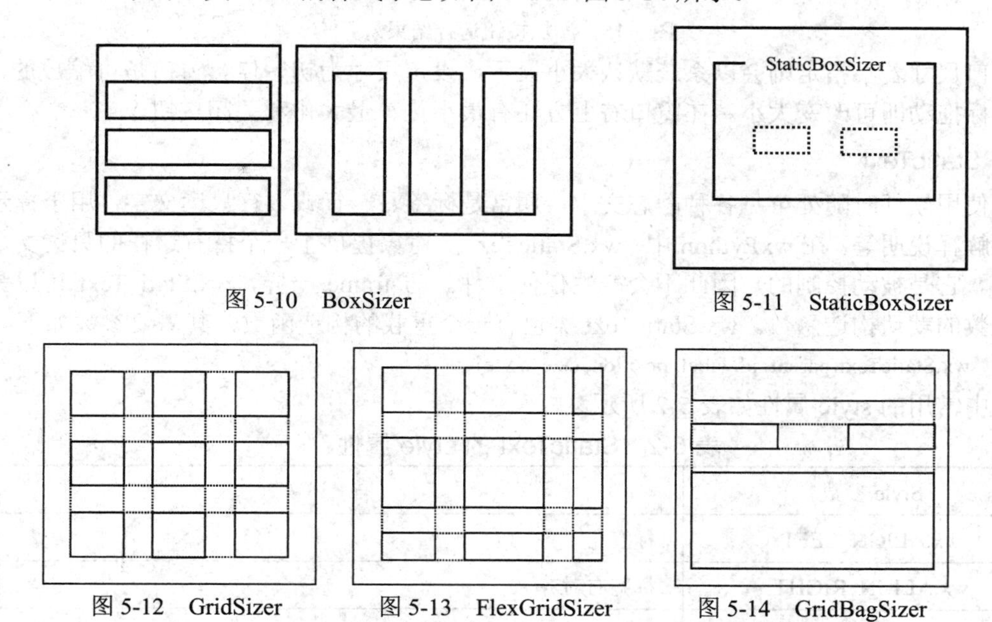

图 5-10 BoxSizer

图 5-11 StaticBoxSizer

图 5-12 GridSizer

图 5-13 FlexGridSizer

图 5-14 GridBagSizer

使用 sizer 的顺序为：创建 panel→创建 sizer→创建子窗口(或窗体组件)→使用 sizer 的 Add()方法将每个子窗口添加给 sizer→调用容器的 SetSizerAndFit(sizer)方法。按此顺序可将上例修改如下：

```
1   import wx       #导入 wxPython 库
2   app = wx.App()      #创建一个应用程序对象
3   win = wx.Frame(None, -1, '穿越星际', size = (300, 200))      #创建窗体对象并设置尺寸
4   panel = wx.Panel(win)      #创建 panel
5   sizer = wx.BoxSizer(wx. HORIZONTAL)      #创建 sizer
6   #创建两个按钮作为窗体组件，并放置于窗口合适位置
7   button1 = wx.Button(panel, label = "上一步", pos = (60, 40))
8   button2 = wx.Button(panel, label = "下一步", pos = (150, 40))
```

```
9  panel.SetSizerAndFit(sizer)     #将所有组件添加给 sizer
10 win.Show()     #显示窗体
11 app.MainLoop()     #运行程序
```

运行结果如图 5-15 所示。

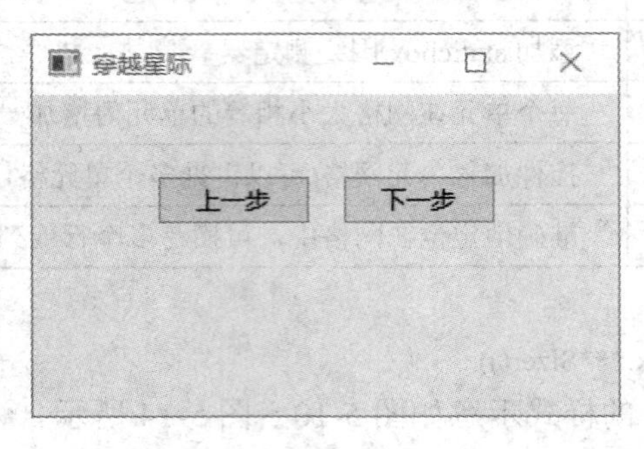

图 5-15　添加按钮运行结果

窗口尺寸若不指定则会以系统默认大小展示，设定尺寸为初始值。窗口是可缩放的，通过鼠标拖动即可改变大小。在窗口右上方还有最小化、最大化和关闭按钮。

2. StaticText

在使用软件时随处可见各种静态文本，通常是标签、一行或多行只读文字，用于提示操作或解释说明等。在 wxPython 中，wx.StaticText 类对象提供了一个持有这样的只读文本的控件。它是被动控制的，因此不会产生任何事件。与 frame 一样，wx.StaticText 可以是不带参数的默认构造函数。wx.StaticText 类也有一个重载的构造函数，其需要参数如下：

```
wx.StaticText(parent, id, label, position, size, style)
```

其中常用的 style 属性如表 5-2 所示。

表 5-2　StaticText 的 style 属性

Style 参数	描　述
wx.ALIGN_LEFT	标签左对齐
wx.ALIGN_RIGHT	标签右对齐
wx.ALIGN_CENTER	标签中心对齐
wx.ST_NO_AUTORESIZE	防止标签自动调整大小

静态文本的主要内容是文字，那么怎么调整字体呢？首先需要创建一个字体对象：

```
wx.Font(pointsize, fontfamily, fontstyle, fontweight)
```

其中，fontfamily 的常用取值有 wx.FONTSTYLE_NORMAL(默认形态，不倾斜)、wx.FONTSTYLE_ITALIC(倾斜字体)、wx.FONTSTYLE_SLANT(字体倾斜且具罗马风格形式)等，fontweight 的常用取值有 wx.FONTWEIGHT_NORMAL(普通字体)、wx..FONTWEIGHT_LIGHT(高亮字体)、wx.FONTWEIGHT_BOLD(粗体)等。

下面尝试创建一个带字体格式的 StaticText：

```
1 import wx     #导入 wxPython 库
2 app = wx.App()     #创建一个应用程序对象
```

```
3   win = wx.Frame(None, -1, '穿越星际')     #创建窗体对象
4   panel = wx.Panel(win)     #创建 panel
5   num = wx.BoxSizer(wx.HORIZONTAL)     #排列方式水平
6   id = wx.StaticText(panel, label = '账号')     #创建标签为"账号"的静态文本
7   font = wx.Font(18, wx.ROMAN, wx.ITALIC, wx.NORMAL)     #创建字体对象并设置各参数
8   id.SetFont(font)     #将字体应用到 id 上
9   num.Add(id, 0, wx.LEFT, border = 100)     #配置 num 的各项参数
10  panel.SetSizerAndFit(num)     #将所有组件添加给 sizer
11  win.Show()     #显示窗体
12  app.MainLoop()     #运行程序
```

运行结果如图 5-16 所示。

图 5-16　修改字体运行结果

3. TextCtrl

在上例中使用了 StaticText 提示用户输入账号，但是并没有可输入之处，这就需要添加 TextCtrl(搜集文本框)。在 TextCtrl 中用户可以使用键盘键入。在 wxPython 中，wx.TextCtrl 类的一个对象就是用于这一目的的，它可以显示文本和编辑控制。TextCtrl 的 style 可以是单行、多行或密码字段(用*隐藏输入内容)。TextCtrl 类的构造函数形式如下：

```
wx.TextCtrl(parent, id, value, pos, size, style)
```

其中 style 的设置比较关键，其属性如表 5-3 所示。

表 5-3　TextCtrl 的 style 属性

Style 参数	描　述
wx.TE_MULTILINE	允许多行
wx.TE_PASSWORD	密码类型，输入任意字符均显示为*
wx.TE_READONLY	只读类型
wx.TE_LEFT	控件中键入的文本左对齐
wxTE_CENTRE	控件中键入的文本中心对齐
wxTE_RIGHT	控件中键入的文本右对齐

下面为上例添加一个控制文本框，并去掉字体设置：

```
1   import wx                                    #导入 wxPython 库
2   app = wx.App()                               #创建一个应用程序对象
```

```
3    win = wx.Frame(None, -1, '穿越星际')          #创建窗体对象
4    panel = wx.Panel(win)                         #创建 panel
5    num = wx.BoxSizer(wx.HORIZONTAL)              #排列方式水平
6    id = wx.StaticText(panel, label = '账号')     #创建标签为“账号”的静态文本
7    num.Add(id, 0, wx.LEFT, border = 100)         #配置 num 的各项参数
8    #创建搜集文本框，类型为普通文本初始信息为提示内容可修改
9    name = wx.TextCtrl(panel, value = '请输入英文账号')
10   num.Add(name, 0, wx.LEFT, border = 10)        #将配置好的搜集文本框添加到 sizer 中
11   panel.SetSizerAndFit(num)                     #将所有组件添加给 sizer
12   win.Show()                                    #显示窗体
13   app.MainLoop()                                #运行程序
```

运行结果如图 5-17 所示。

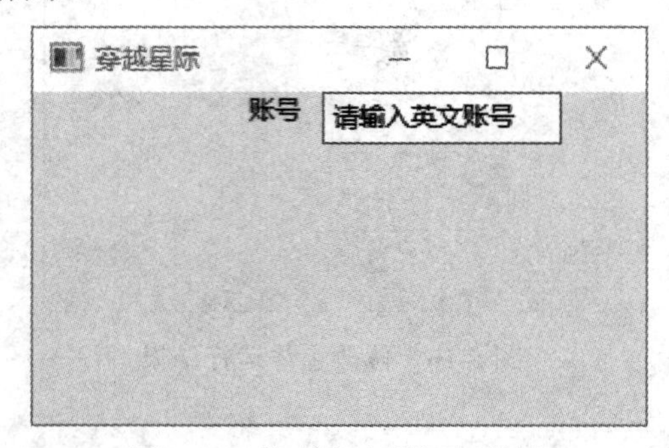

图 5-17 控制文本框运行结果

4. RadioButton & RadioBox

RadioButton 是一种单向选择按钮，因其形态如 radio 的喇叭而得名。wx.RadioButton 的构造器参数为：

wx.RadioButton(parent, id, label, pos, size, style)

值得注意的是，style 参数仅用于该组中的第一个按钮，同组其余按钮则遵照执行。Style 参数的值是 wx.RB_GROUP。当按钮被点击时，wx.RadioButton 事件绑定器 wx.EVT_RADIOBUTTON 触发相关的处理程序。wx.RadioButton 类的两种重要的方法分别是 setValue()(选择或取消选择按钮)和 getValue() (获取值)。如果选择一个按钮则返回 true，否则返回 false。

wxPython 的 API 还包括 wx.RadioBox 类。它的对象提供了一个边框和标签组，同组中的按钮可以水平或垂直布置。wx.RadioBox 以逻辑排斥的按钮集合在一个静态框中。该组中的每个按钮将其标签从列表对象作为选择 wx.RadioBox 构造函数的参数。RadioBox 按钮逐行逐列布局，对应的构造器 style 参数的值分别是 wx.RA_SPECIFY_ROWS 或 wx.RA_SPECIFY_COLS。行列的数目由参数 majord imensions 的值来决定。

wx.RadioBox 构造函数的参数如下：

wx.RadioBox(parent, id, label, pos, size, choices, initialdimensions, style)

wx.RadioBox 类的重要方法如表 5-4 所示。

表 5-4　RadioBox 方法

Style 参数	描　述
GetSelection()	返回所选项目的索引
SetSelection()	选择编程项目
GetString()	返回选定项的标签
SetString()	分配标签到所选择的项目
Show()	显示或隐藏指定索引的项目

与 wx.RadioBox 对象关联的事件绑定是 wx.EVT_RADIOBOX，关联的事件处理程序识别按钮的选择并对其进行处理它。

继续用前面的实例来说明，添加游戏难度选择按钮 RadioBox：

```
1   import wx                                     #导入 wxPython 库
2   app = wx.App()                                #创建一个应用程序对象
3   win = wx.Frame(None, -1, '穿越星际')          #创建窗体对象
4   panel = wx.Panel(win)                         #创建 panel
5   num = wx.BoxSizer(wx.HORIZONTAL)              #排列方式水平
6   id = wx.StaticText(panel, label = '账号')     #创建标签为“账号”的静态文本
7   num.Add(id, 0, wx.LEFT, border = 100)         #配置 num 的各项参数
8   #创建搜集文本框，类型为普通文本初始信息为提示内容可修改
9   name = wx.TextCtrl(panel, value = '请输入英文账号')
10  num.Add(name, 0, wx.LEFT, border = 10)        #将配置好的搜集文本框添加到 sizer 中
11  levelList = ['初级', '中级', '高级']           #新建难度列表
12  #创建 RadioBox
13  win.rbox = wx.RadioBox(panel, label = '难度', pos = (100, 50), choices =levelList,
    majorDimension = 1, style = wx.RA_SPECIFY_ROWS)
14  panel.SetSizerAndFit(num)                     #将所有组件添加给 sizer
15  win.Show()                                    #显示窗体
16  app.MainLoop()                                #运行程序
```

运行结果如图 5-18 所示。

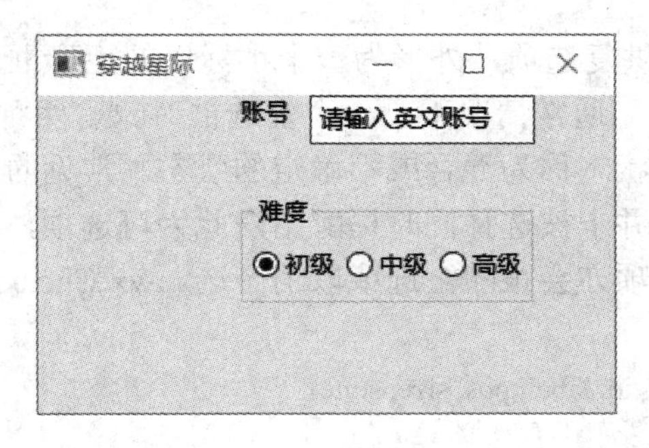

图 5-18　单选按钮运行结果

【例 5-1】 试修改上述代码，使纵向排列的 RadioButton 进行难度选择。

分析 需要替换的是第 11～13 行代码，其余代码无须改动，按照 RadioButton 的说明修改如下：

```
1   import wx       #导入 wxPython 库
2   app = wx.App()      #创建一个应用程序对象
3   win = wx.Frame(None, -1, '穿越星际')      #创建窗体对象
4   panel = wx.Panel(win)      #创建 panel
5   num = wx.BoxSizer(wx.HORIZONTAL)      #排列方式水平
6   id = wx.StaticText(panel, label = '账号')      #创建标签为“账号”的静态文本
7   num.Add(id, 0, wx.LEFT, border = 100)      #配置 num 的各项参数
8   #创建搜集文本框，类型为普通文本初始信息为提示内容可修改
9   name = wx.TextCtrl(panel, value = '请输入英文账号')
10  num.Add(name, 0, wx.LEFT, border = 10)      #将配置好的搜集文本框添加到 sizer 中
11  win.rb1 = wx.RadioButton(panel, 11, label = '初级', pos = (150, 40), style =
    wx.RB_GROUP)      #只对第一个按钮设置 syle
12  win.rb2 = wx.RadioButton(panel, 22, label = '中级', pos = (150, 70))      #其余两个按钮
13  win.rb3 = wx.RadioButton(panel, 33, label = '高级', pos = (150, 100))
14  panel.SetSizerAndFit(num)      #将所有组件添加给 sizer
15  win.Show()      #显示窗体
16  app.MainLoop()      #运行程序
```

运行结果如图 5-19 所示。

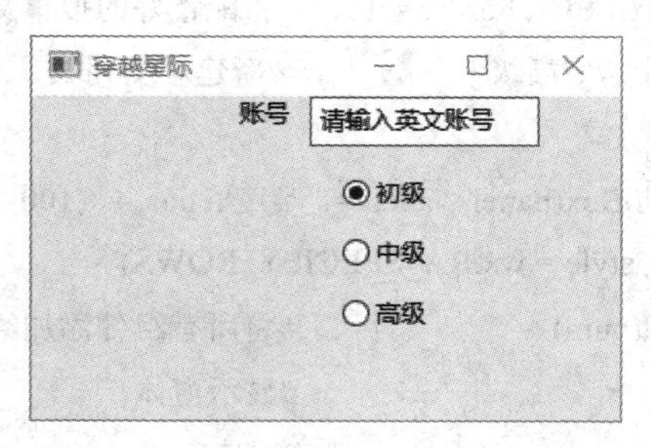

图 5-19 例 5-1 运行结果

5. CheckBox

CheckBox 为客户提供复选项，外形为一个小标记的矩形框。单击时，复选标记出现在矩形内，指示作出选择。通常情况下，一个复选框对象有两种状态(选中或未选中)，有的也有三种状态，第三种状态称为混合或不确定的状态。常见的表现是在框内有灰色或半透明的对钩，表示该选项并未被选择同时提醒用户此为可选项，当选中时，它便会变成平常的复选框，而它的子选项亦会跟随全选或取消全选。wx.CheckBox 类的构造函数的参数如下：

```
wx.CheckBox(parent, id, label, pos, size, style)
```

常用的参数值如下：

(1) wx.CHK_2STATE：表示创建两个状态复选框，这也是默认参数值。

(2) wx.CHK_3STATE：表示创建三态复选框。

(3) wx.ALIGN_RIGHT：表示把一个盒子标签放在复选框的左侧。

(4) wx.ALIGN_LEFT：表示把一个盒子标签放在复选框的右侧。

CheckBox 类有两个重要的方法 ：GetState()返回 true 或 false，取决于该复选框被选中或未选；SetValue()用于给 CheckBox 类赋值。当某个或某几个选项被勾选或不选时都会触发不同事件发生，对应的事件处理函数方法为 onChecked()。

仍然以登录穿越星际游戏前界面举例，创建一组 CheckBox：

```
1   import wx                              #导入 wxPython 库
2   app = wx.App()                         #创建一个应用程序对象
3   win = wx.Frame(None, -1, '穿越星际', size = (300, 200))      #创建窗体对象
4   panel = wx.Panel(win)                  #创建 panel
5   num = wx.BoxSizer(wx.HORIZONTAL)               #排列方式水平
6   id = wx.StaticText(panel, label = '账号')         #创建标签为“账号”的静态文本
7   num.Add(id, 0, wx.LEFT, border = 100)            #配置 num 的各项参数
8   #创建搜集文本框，类型为普通文本，初始信息为提示内容，可修改
9   name = wx.TextCtrl(panel, value = '请输入英文账号')
10  num.Add(name, 0, wx.LEFT, border = 10)     #将配置好的搜集文本框添加到 sizer 中
11  win.rb1 = wx.CheckBox(panel, 11, label = '打开音乐', pos = (150, 40), style =
    wx.RB_GROUP)                          #创建复选按钮
12  win.rb2 = wx.CheckBox(panel, 22, label = '打开音效', pos = (150, 70))
13  win.rb3 = wx.CheckBox(panel, 33, label = '允许通知', pos = (150, 100))
14  panel.SetSizerAndFit(num)                  #将所有组件添加给 sizer
15  win.Show()                                 #显示窗体
16  app.MainLoop()                             #运行程序
```

运行结果如图 5-20 所示。

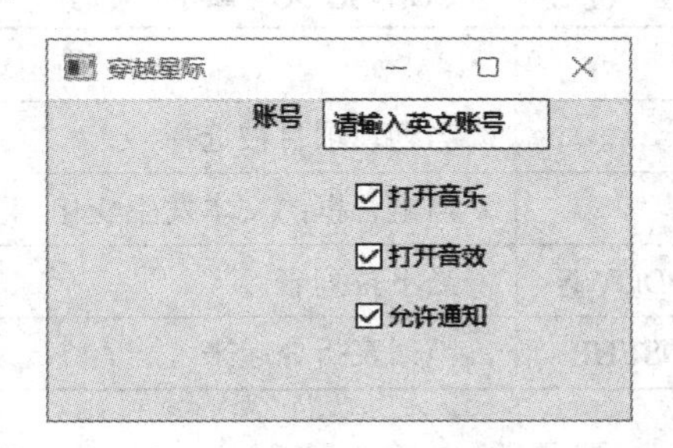

图 5-20 多选按钮运行结果

6. ComboBox

ComboBox 由一个编辑框和列表组成，它可以显示为带有可编辑或只读文本框的静态列表，也可以显示为带下拉列表的文本区域，或者是不带文本框的下拉列表。一个 wx.Combobox 只允许单选。wx.Combobox 的选择项从 0 开始编号，可使用 wx.ComboCtrl、 wx.ComboPopup 等控件定制 wx.Combobox。wx.Choice 类的构造函数参数如下：

```
wx.Choice(parent, id, pos, size, n, choices, style)
```

其中参数“n”代表字符串的数目用于选择列表的初始化，choices 为集合列表。ComboBox 常用的样式如表 5-5 所示。

表 5-5　ComboBox 样式

Sizers 参数	描　述
wx.CB_SIMPLE	组合框加列表(仅 Windows)
wx.CB_DROPDOWN	组合框与下拉列表
wx.CB_READONLY	同 wx.CB_DROPDOWN，但选择的项目不可编辑
wx.CB_SORT	列表项按字母顺序排列
wx.TE_PROCES_ENTER	对应事件 wx.EVT_COMMAND_TEXT_ENTER(仅 Windows)

常用 wx.ComboBox 类的方法如表 5-6 所示。

表 5-6　ComboBox 方法

Sizers 参数	描　述
GetCurrentSelection()	返回被选中的项目
SetSelection()	将给定索引处的项设置为选中状态
GetString()	返回给定索引处的项目关联的字符串
SetString()	给定索引处更改项目的文本
SetValue()	设置一个字符串作为组合框文本显示在编辑字段中
GetValue()	返回组合框的文本字段的内容
FindString()	搜索列表中的给定的字符串
GetStringSelection()	获取当前所选项目的文本

常用的事件函数如表 5-7 所示。

表 5-7　ComboBox 事件函数

Sizers 参数	描　述
wx.COMBOBOX	当列表项目被选择
wx.EVT_TEXT	当组合框的文本发生变化
wx.EVT_COMBOBOX_DROPDOWN	当下拉列表
wx.EVT_COMBOBOX_CLOSEUP	当列表折叠起来

下面举例说明：

```
1  import wx                                    #导入 wxPython 库
2  app = wx.App()                               #创建一个应用程序对象
3  win = wx.Frame(None, -1, '穿越星际', size = (300, 200))    #创建窗体对象
4  panel = wx.Panel(win)                        #创建 panel
5  box =wx.BoxSizer(wx.VERTICAL)
```

```
6   #创建 StaticText 用于下拉菜单的提示标签
7   cblbl = wx.StaticText(panel, label = "服务器", style = wx.ALIGN_CENTRE)
8   #将 StaticText 添加进面板
9   box.Add(cblbl, 0, wx.EXPAND)
10  #创建下拉菜单列表
11  Server = ['紫禁之巅', '荒芜之地', '血色黄昏']
12  #创建下拉菜单为 ComboBox 格式
13  win.combo = wx.ComboBox(panel, choices = Server)
14  #将 ComboBox 添加进面板
15  box.Add(win.combo, 1, wx.EXPAND)
16  #按照上述步骤创建第二组下拉菜单
17  chlbl = wx.StaticText(panel, label = "角色", style = wx.ALIGN_CENTRE)
18  box.Add(chlbl, 0, wx.EXPAND)
19  Roles = ['一号战机', '二号战机', '三号战机']
20  #第二个下拉菜单为 Choice 格式
21  win.choice = wx.Choice(panel, choices = Roles)
22  box.Add(win.choice, 1, wx.EXPAND)
23  box.AddStretchSpacer()
24  win.Centre()
25  panel.SetSizer(box)
26  panel.SetSizerAndFit(box)          #将所有组件添加给 sizer
27  win.Show()                         #显示窗体
28  app.MainLoop()                     #运行程序
```

运行结果如图 5-21 所示。

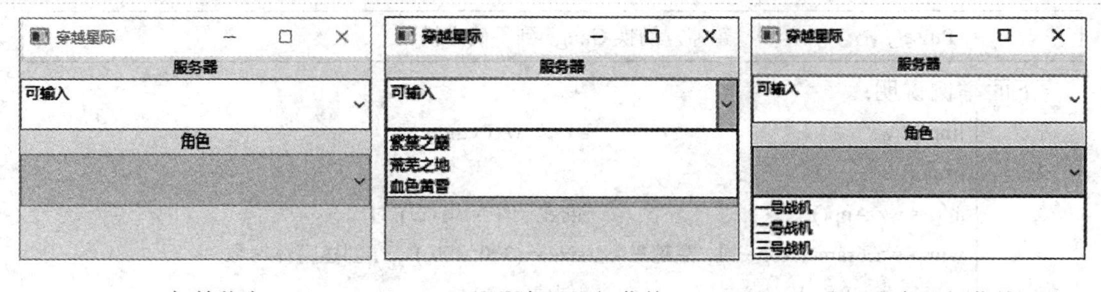

(a) 初始状态　　(b) 服务器下拉菜单　　(c) 角色下拉菜单

图 5-21　下拉菜单运行结果

上例中展示了两种下拉菜单：第一种 ComboBox 格式可从下拉菜单中获取选项，也可在文本框中直接输入，但若输入内容不在选项列表中则会视为无效，因而不会触发任何事件；第二种 Choice 格式则只能从下拉菜单中获取选项。

7. Guage

Guage 的字面意思是测量仪，在这里指进度条。Guage 在用户体验中起着举足轻重的作用。通过进度条的提示，用户可以大致了解事件处理的预计时间，而不用盲目等待。对于能明确完成某操作所需的总时间，计算规则是按总时间的百分比对应到进度条的颜色或形态变化，对于无法预计时间的则显示正在处理中或处理完成。在确定模式下，进度条位置会定时更新，因此需要调用时间模块。在不确定模式下，则调用 Pulse() 函数来更新进度条。

wx.Gauge 类构造函数的参数如下：

wx.Gauge(parent, id, range, pos, size, style)

其中 range 参数设置为最大值，在不确定模式下则忽略此参数。常见的 style 参数如表 5-8 所示。

表 5-8　Gauge 的 style 参数

style 参数	描　述
wx.GA_HORIZONTALX	进度条横向布局
wx.GA_VERTICAL	进度条纵向布局
wx.GA_SMOOTH	进度条使用一个像素宽度的更新方式，看起来过渡平滑
wx.GA_TEXT	显示当前进度的百分比值

wx.Gauge 类的重要方法如表 5-9 所示。

表 5-9　Gauge 的重要方法

方法名	描　述
GetRange()	返回 Gauge 的最大值
SetRange()	设置 Gauge 的最大值
GetValue()	返回 Gauge 的当前值
SetValue()	设置 Gauge 的当前值
Pulse()	暂停，切换 Gauge 到不确定模式

下面举例说明：

```
1	import wx                              #导入 wxPython 库
2	import time
3	app = wx.App()                         #创建一个应用程序对象
4	win = wx.Frame(None, -1, '穿越星际', size = (300, 200))    #创建窗体对象
5	panel = wx.Panel(win)                  #创建 panel
6	box =wx.BoxSizer(wx.VERTICAL)
7	#创建面板，一个按钮一个进度条
8	hbox1 = wx.BoxSizer(wx.HORIZONTAL)
9	hbox2 = wx.BoxSizer(wx.HORIZONTAL)
10	win.gauge = wx.Gauge(panel, range = 20, size = (250, 25), style = wx.GA_HORIZONTAL)
11	win.btn1 = wx.Button(panel, label = "进入游戏")          #给按钮设置标签
12	#设置其他参数
```

```
13    hbox1.Add(win.gauge, proportion = 1, flag = wx.ALIGN_CENTRE)
14    #设置进度条参数
15    hbox2.Add(win.btn1, proportion = 1, flag = wx.RIGHT, border = 10)
16    #定位方式及坐标
17    box.Add(0, 30)
18    box.Add(hbox1, flag = wx.ALIGN_CENTRE)
19    box.Add(0, 20)
20    box.Add(hbox2, proportion = 1, flag = wx.ALIGN_CENTRE)
21    #定义事件函数
22    def OnStart(event):
23            count=0
24            while True:
25                time.sleep(1);
26                count = count + 1
27                win.gauge.SetValue(count)
28    #当进度条加载完毕后输出“战斗准备”模拟进入游戏成功
29                if count >= 20:
30                    print ("战斗准备" )
31                    return
32    #调用事件函数，点击按钮启动 OnStart
33    win.btn1.Bind(wx.EVT_BUTTON, OnStart)
34    #其余框架函数
35    win.Centre()
36    panel.SetSizer(box)
37    panel.SetSizerAndFit(box)          #将所有组件添加给 sizer
38    win.Show()                         #显示窗体
39    app.MainLoop()                     #运行程序
```

运行结果如图 5-22 所示。

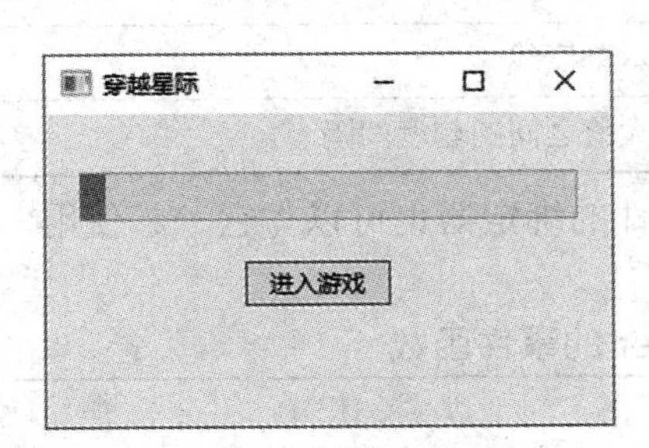

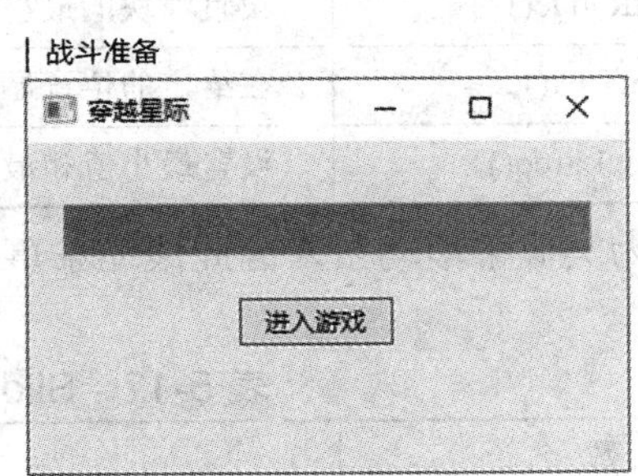

图 5-22　进度条运行结果

本例展示加入了事件处理函数后进度条的加载效果，并在加载完毕后输出“战斗”以示处理结果。

8. Slider

Slider 即滑动条，通常用作一些外部参数的调节器，在第四章的学习中也有类似操作，如在流光溢彩项目中的调色器正是此类滑动条。

wx.Slider 构造函数的参数如下：

```
wx.Slider(parent, id, value, minValue, maxValue, pos, size, style)
```

滑块的上下限值由 minValue(最小值)和包括 maxValue(最大值)参数设置。起始值由 value 参数定义。常见的 style 参数如表 5-10 所示。

表 5-10　Slider 的 style 参数

style 参数	描　述
wx.SL_HORIZONTAL	水平滑块
wx.SL_VERTICAL	垂直滑块
wx.SL_AUTOTICKS	在滑块显示 tickmarks
wx.SL_LABELS	显示最小值、最大值和当前值
wx.SL_MIN_MAX_LABELS	显示最小值和最大值
wx.SL_VALUE_LABELS	显示当前值

wx.Slider 类的重要方法如表 5-11 所示。

表 5-11　Slider 的重要方法

方 法 名	描　述
GetMax()	返回滑块的最大值
GetMin()	返回滑块的最小值
GetValue()	返回滑块的当前值
SetMax()	设置滑块的最大值
SetMin()	设置滑块的最小值
SetValue()	设置滑块的当前值
SetRange()	设置滑块的最小值和最大值
SetTick()	在给定的位置显示刻度线
SetTickFreq()	设置最小值和最大值之间的刻度间隔

滑块行为类似于滚动条，因此滚动条事件的绑定器也可以与它一起使用，如表 5-12 所示。

表 5-12　Slider 的事件函数

函 数 名	描　述
wx.EVT_SCROLL	处理滚动事件
wx.EVT_SLIDER	拖动滑块以位置变化驱动事件

下面举例说明：

```
1   import wx                                   #导入 wxPython 库
2   import time
3   app = wx.App()                              #创建一个应用程序对象
4   win = wx.Frame(None, -1, '穿越星际', size = (300, 200))    #创建窗体对象
5   panel = wx.Panel(win)                       #创建 panel
6   box =wx.BoxSizer(wx.VERTICAL)
7   #创建滑动条并设置参数
8   win.sld = wx.Slider(panel, value = 10, minValue = 1, maxValue = 100,
9               style = wx.SL_HORIZONTAL|wx.SL_LABELS)
10  box.Add(0, 20)
11  box.Add(win.sld, flag = wx.EXPAND)
12  win.txt = wx.StaticText(panel, label = '音量调整', style = wx.ALIGN_CENTER)
13  box.Add(win.txt, 1, wx.ALIGN_CENTRE_HORIZONTAL)
14  #定义事件函数
15  def OnStart(event):
16          obj = event.GetEventObject()
17          val = obj.GetValue()
18  #调用事件函数，点击并拖动滑块启动 OnStart
19  win.sld.Bind(wx.EVT_SLIDER, OnStart)
20  #其余框架函数
21  win.Centre()
22  panel.SetSizer(box)
23  panel.SetSizerAndFit(box)                   #将所有组件添加给 sizer
24  win.Show()                                  #显示窗体
```

运行结果如图 5-23 所示。

图 5-23 滑动条运行结果

上述代码中，滑条的初始值为 50，因此启动滑块时停留在滑动轴的中心位置，当鼠标移动到滑块上时，滑块颜色会变为黑色，拖动滑块左右滑动时，滑块颜色会变为灰色，且当前值随之实时改变。通过第四章的知识可知，这是利用了坐标值来对应 RGB 色填

充滑块。

9. Menu Item、Menu 和 MenuBar

Menu 菜单是用户常用的功能界面。Menu Item 常见的有三种：normal item、radio item 和 check item。其中 normal item 用得比较多，也比较简单，不管点击几下，item 的样式都不会变化。check item 初始时是无样式的，点击一下前面会出现一个对钩，再点击一下对钩消失，即点击奇数下出现对钩，点击偶数下无样式。radio item 的标志是前面有黑点，同一组下的选项为互斥关系，每次只能选择其中一项。

创建步骤为：首先将 wx.Menu 创建于菜单栏，类似于文件夹，然后创建上下文菜单和弹出菜单。每个菜单可以包含一个或多个 wx.MenuItem 对象或级联 Menu 对象。wx.MenuBar 类有一个默认函数和一个带参数的构造函数，即

```
wx.MenuBar()
wx.MenuBar(n, menus, titles, style)
```

其中参数"n"表示菜单的数目。Menu 是菜单和标题的数组和字符串数组。如果 style 参数设置为 wx.MB_DOCKABLE，则菜单栏可停靠。

MenuBar 的重要方法如表 5-13 所示。

表 5-13　MenuBar 的重要方法

方 法 名	描　述
Append()	添加菜单对象到工具栏
Check()	选中或取消选中菜单
Enable()	启用或禁用菜单
Remove()	去除工具栏中的菜单

Menu 的重要方法如表 5-14 所示。

表 5-14　Menu 的重要方法

方 法 名	描　述
Append()	在菜单增加一个菜单项
AppendMenu()	追加一个子菜单
AppendRadioItem()	追加可选项
AppendCheckItem()	追加一个可检查的菜单项
AppendSeparator()	添加一条分割线
Insert()	在给定的位置插入一个新的菜单
InsertRadioItem()	在给定位置插入单选项
InsertCheckItem()	在给定位置插入新的检查项
InsertSeparator()	插入分隔行
Remove()	从菜单中删除一个项
GetMenuItems()	返回菜单项列表

可直接使用 Append() 函数添加一个菜单项目：

```
wx.Menu.Append(id, text, kind)
```

或追加 wx.MenuItem 类的一个对象：

```
Item = Wx.MenuItem(parentmenu, id, text, kind)
wx.Menu.Append(Item)
```

下面举例说明：

```
1   import wx                                   #导入 wxPython 库
2   import time
3   app = wx.App()                              #创建一个应用程序对象
4   win = wx.Frame(None, -1, '穿越星际', size = (300, 200))     #创建窗体对象
5   panel = wx.Panel(win)                       #创建 panel
6   box =wx.BoxSizer(wx.VERTICAL)
7   #创建 MenuBar 菜单栏
8   menubar = wx.MenuBar()
9   fileMenu = wx.Menu()
10  #创建 MenuBar 菜单
11  newitem = wx.MenuItem(fileMenu, wx.ID_NEW, text = "登录", kind = wx.ITEM_NORMAL)
12  fileMenu.Append(newitem)
13  #添加一条分割线
14  fileMenu.AppendSeparator()
15  #创建第二组 MenuBar 子菜单
16  win.SetMenuBar(menubar)
17  editMenu = wx.Menu()
18  copyItem = wx.MenuItem(editMenu, 100, text = "初级", kind = wx.ITEM_NORMAL)
19  editMenu.Append(copyItem)
20  cutItem = wx.MenuItem(editMenu, 101, text = "中级", kind = wx.ITEM_NORMAL)
21  editMenu.Append(cutItem)
22  pasteItem = wx.MenuItem(editMenu, 102, text = "高级", kind = wx.ITEM_NORMAL)
23  editMenu.Append(pasteItem)
24  fileMenu.AppendMenu(wx.ID_ANY, "难度", editMenu)
25  #添加一条分割线
26  fileMenu.AppendSeparator()
27  #创建 radio 菜单
28  radio1 = wx.MenuItem(fileMenu, 200, text = "服务器一", kind = wx.ITEM_RADIO)
29  radio2 = wx.MenuItem(fileMenu, 300, text = "服务器二", kind = wx.ITEM_RADIO)
30  fileMenu.Append(radio1)
31  fileMenu.Append(radio2)
32  #添加一条分割线
```

```
33    fileMenu.AppendSeparator()
34    #创建 Check 菜单
35    fileMenu.AppendCheckItem(103, "背景音乐")
36    quit = wx.MenuItem(fileMenu, wx.ID_EXIT, '&退出\tCtrl+Q')
37    fileMenu.Append(quit)
38    menubar.Append(fileMenu, '&开始')
39    #其余框架函数
40    win.Centre()
41    panel.SetSizer(box)
42    panel.SetSizerAndFit(box)          #将所有组件添加给 sizer
43    win.Show()                         #显示窗体
```

运行结果如图 5-24 所示。

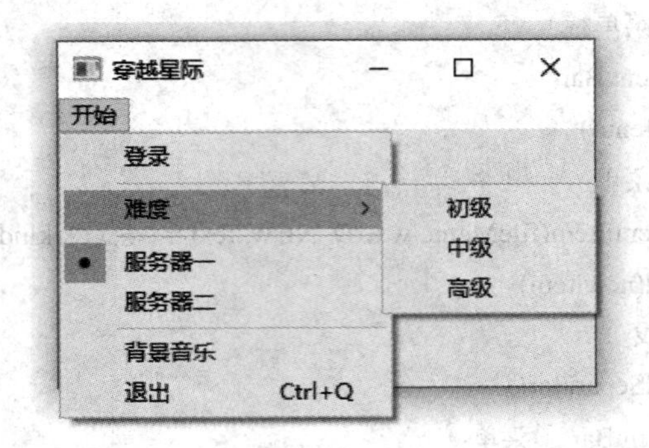

图 5-24　功能菜单界面运行结果

其中背景音乐菜单为 Check 类型，因此点击一次后会出现勾选效果，退出菜单的标签后添加了快捷键提示文本“Ctrl+Q”，说明两种机制都能触发退出事件。

10. ToolBar

ToolBar 工具栏是包括文本文字说明或图标按钮的一个或多个水平条，通常被放置在 MenuBar 顶层帧的正下方。

ToolBar 的构造函数不带任何参数时使用工具栏默认参数。附加参数可以传递给 wx.ToolBar 类，其构造函数参数如下：

```
wx.ToolBar(parent, id, pos, size, style)
```

其中 style 参数设置为 wx.TB_DOCKABLE 时为可停靠。浮动工具栏还可以用 wxPython 中的 AUIToolBar 类来构造，常用 style 参数及 ToolBar 的重要方法分别如表 5-15 及表 5-16 所示。

表 5-15　常用的 style 参数

style 参数	描　述
wx.TB_FLAT	提供该工具栏平面效果
wx.TB_HORIZONTAL	指定水平布局(默认)
wxTB_VERTICAL	指定垂直布局

续表

style 参数	描　述
wx.TB_DEFAULT_STYLE	结合 wxTB_FLAT 和 wxTB_HORIZONTAL
wx.TB_DOCKABLE	使工具栏浮动和可停靠
wx.TB_NO_TOOLTIPS	当鼠标悬停在工具栏上时不显示简短帮助工具提示
wx.TB_NOICONS	指定工具栏按钮没有图标，默认它们是显示的
wx.TB_TEXT	显示在工具栏按钮上的文本，默认情况下只有图标显示

表 5-16　ToolBar 的重要方法

方法名	描　述
AddTool()	添加工具按钮到工具栏，工具的类型是由各种参数指定的
AddRadioTool()	添加属于按钮的互斥组按钮
AddCheckTool()	添加一个切换按钮到工具栏
AddLabelTool()	使用图标和标签来添加工具栏
AddSeparator()	添加一个分隔符来表示工具按钮组
AddControl()	添加任何控制工具栏，如 wx.Button、wx.Combobox 等
ClearTools()	删除所有在工具栏上的按钮
RemoveTool()	用给出工具按钮移除工具栏
Realize()	增加调用

AddTool()方法至少需要三个参数：

AddTool(parent, id, bitmap)

其中 parent 参数是在按钮被添加到工具栏上时，位图 bitmap 参数所指定的图像图标的返回值。

下面举例说明：

```
1   import wx                              #导入 wxPython 库
2   import time
3   app = wx.App()                         #创建一个应用程序对象
4   win = wx.Frame(None, -1, '穿越星际', size = (300, 200))          #创建窗体对象
5   panel = wx.Panel(win)                  #创建 panel
6   box =wx.BoxSizer(wx.VERTICAL)
7   #创建 MenuBar 菜单栏
8   menubar = wx.MenuBar()
9   fileMenu = wx.Menu()
10  #创建图标
11  tb = wx.ToolBar( win, -1 )
12  win.ToolBar = tb
```

```
13  tb.AddTool(100, 'new', wx.Bitmap("new.bmp"), 'new' )
14  #创建一个 ComboBox 对比效果
15  win.combo = wx.ComboBox( tb, 555, value = "初级", choices = ["中级", "高级"])
16  #将 ComboBox 添加到控制栏
17  tb.AddControl(win.combo )
18  #添加调用
19  tb.Realize()
20  #创建控制文本框，可输入内容
21  win.text = wx.TextCtrl(win, -1, style = wx.EXPAND)
22  #创建事件处理函数，将图标按钮及 ComboBox 的返回值显示其中
23  def Onright(event):
24      win.text.AppendText(str(event.GetId())+"\n")
25  def OnCombo(event):
26      win.text.AppendText( win.combo.GetValue()+"\n")
27  #调用事件处理函数
28  tb.Bind(wx.EVT_TOOL, Onright)
29  tb.Bind(wx.EVT_COMBOBOX, OnCombo)
30  #其余框架函数
31  win.Centre()
32  panel.SetSizer(box)
33  panel.SetSizerAndFit(box)          #将所有组件添加给 sizer
34  win.Show()                         #显示窗体
35  app.MainLoop()                     #运行程序
```

运行结果如图 5-25 所示。

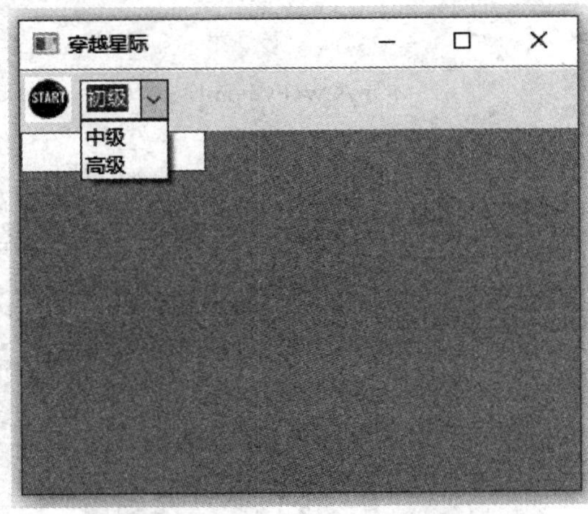

图 5-25　图标按钮运行结果

其中图标图片格式为 bmp，与程序存放于同一根目录下。本例设计的交互效果为点击图片或选择下拉菜单中的选项后使内容显示在文本框内。

11. Dialog 和 TextEntryDialog

Dialog 字面理解为对话框，其表现形式为 frame(框架)，而出场方式为父框架顶部的弹出窗口(弹窗)。弹窗也是常用的用户界面设计单元，Dialog 的目的是收集一些用户的数据并将其发送到父框架。wx.Dialog 类的构造参数如下：

```
wx.Dialog(parent, id, title, pos, size, style)
```

wx.Dialog 类的构造函数的常用参数和 Dialog 的重要方法分别如表 5-17 及表 5-18 所示。

表 5-17　常用的 style 参数

style 参数	描　　述
wx.CAPTION	对话框的文字说明
wx.DEFAULT_DIALOG_STYL	相当于 wx.CAPTION、wx.CLOSE_BOX 和 wx.SYSTEM_MENU 的组合
wx.RESIZE_BORDER	显示可调框架窗口的大小
wx.SYSTEM_MENU	显示系统菜单
wx.CLOSE_BOX	框架上显示一个关闭选项
wx.MAXIMIZE_BOX	在对话框中显示一个最大化框
wx.MINIMIZE_BOX	在对话框中显示一个最小化框
wx.STAY_ON_TOP	确保对话框停留在所有其他窗口的顶部
wx.DIALOG_NO_PARENT	防止无父级对话框被创建在应用程序顶级

表 5-18　Dialog 的重要方法

方 法 名	描　　述
DoOK()	当对话框中的 OK 按钮被按下时调用该方法
ShowModal()	显示了在应用程序模态方式下的对话框
ShowWindowModal()	对话框只能是顶层父窗口的模式
EndModal()	ShowModal 调用传递值以结束一个对话框模式

Dialog 的标准按钮如表 5-19 所示。

表 5-19　Dialog 的标准按钮

按　钮	说　　明
wx.OK	显示 OK 按钮
wx.CANCEL	显示取消(Cancel)按钮
wx.YES_NO	显示“是”“否”按钮
wx.YES_DEFAULT	使 Yes 按钮为默认
wx.NO_DEFAULT	使 No 按钮为默认
wx.ICON_EXCLAMATION	显示警告图标

续表

按　钮	说　　明
wx.ICON_ERROR	显示错误图标
wx.ICON_HAND	同 wx.ICON_ERROR
wx.ICON_INFORMATION	显示一个信息图标
wx.ICON_QUESTION	显示一个问题图标

下面举例说明：

```
1   import wx                                    #导入 wxPython 库
2   import time
3   app = wx.App()                               #创建一个应用程序对象
4   win = wx.Frame(None, -1, '穿越星际', size = (300, 200))    #创建窗体对象
5   panel = wx.Panel(win)                        #创建 panel
6   box =wx.BoxSizer(wx.VERTICAL)
7   #创建三个按钮
8   btn = wx.Button(panel, label = "继续", pos = (75, 10))
9   btn1 = wx.Button(panel, label = "重新开始", pos = (75, 40))
10  btn2 = wx.Button(panel, label = "退出", pos = (75, 70))
11  #定义每个按钮的事件处理函数
12  def OnModal(event):
13          wx.MessageBox("确定继续游戏吗？", "消息" , wx.OK)
14  def OnModeless( event):
15           wx.MessageBox("确定重新开始游戏吗？", "消息" , wx.OK)
16  def Onmsgbox( event):
17          wx.MessageBox("确定要退出吗？", "消息" , wx.OK)
18  btn.Bind(wx.EVT_BUTTON, OnModal)
19  btn1.Bind(wx.EVT_BUTTON, OnModeless)
20  btn2.Bind(wx.EVT_BUTTON, Onmsgbox)
21  #其余框架函数
22  win.Centre()
23  panel.SetSizer(box)
24  panel.SetSizerAndFit(box)          #将所有组件添加给 sizer
25  win.Show()                         #显示窗体
26  app.MainLoop()                     #运行程序
```

运行后点击按钮对应的弹窗结果如图 5-26 所示。

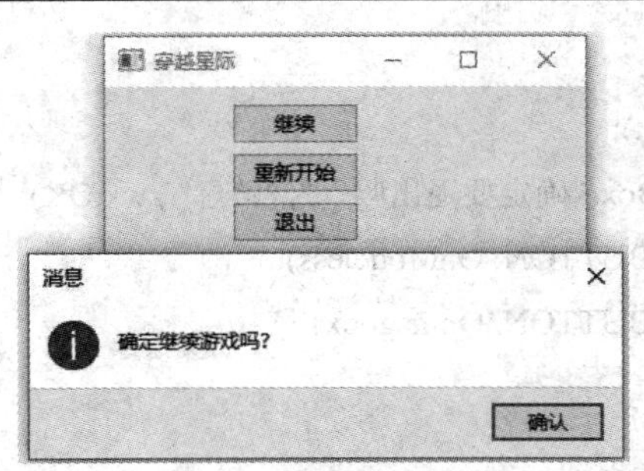

图 5-26　弹窗运行结果

wx 还有一种对话框类叫作 wx.TextEntryDialog，这个类的对象显示一个文本字段，可输入，再配有两个按钮进行确认或取消操作，文本框可以通过使用 TextCtrl 风格来定制。TextEntryDialog 类的构造参数如下：

wx.TextEntryDialog(parent, id, message, caption, value, style, pos)

TextEntryDialog 的常用方法如表 5-20 所示。

表 5-20　TextEntry Dialog 的常用方法

按　钮	说　　明
SetMaxLength()	设置用户可以输入到文本框最大字符数
SetValue()	设置文本框的值
GetValue()	返回该文本框的内容
ShowModal()	显示对话框模态。如果用户确认输入，返回 wx.ID_OK。如果对话框被拒绝，返回 wx.ID_CANCEL

下面举例说明：

```
1   import wx                        #导入 wxPython 库
2   import time
3   app = wx.App()                   #创建一个应用程序对象
4   win = wx.Frame(None, -1, '穿越星际', size = (300, 200))     #创建窗体对象
5   panel = wx.Panel(win)         #创建 panel
6   box =wx.BoxSizer(wx.VERTICAL)
7   #创建两个按钮
8   btn1 = wx.Button(panel, label = "登录", pos = (100, 40))
9   btn2 = wx.Button(panel, label = "退出", pos = (100, 70))
10  #定义每个按钮的事件处理函数
11  def OnModeless(event):
12      #创建一个带文本框的弹窗
13      dlg = wx.TextEntryDialog(win, '请输入账号', '登录游戏')
14      if dlg.ShowModal() == wx.ID_OK:
15          print("欢迎进入游戏")
```

```
16        dlg.Destroy()
17    def Onmsgbox( event):
18            wx.MessageBox("确定要退出吗？", "消息" , wx.OK)
19    btn1.Bind(wx.EVT_BUTTON, OnModeless)
20    btn2.Bind(wx.EVT_BUTTON, Onmsgbox)
21    #其余框架函数
22    win.Centre()
23    panel.SetSizer(box)
24    panel.SetSizerAndFit(box)              #将所有组件添加给 sizer
25    win.Show()                             #显示窗体
26    app.MainLoop()                         #运行程序
```

运行后点击“登录”按钮会弹出如图 5-27 所示的弹窗。

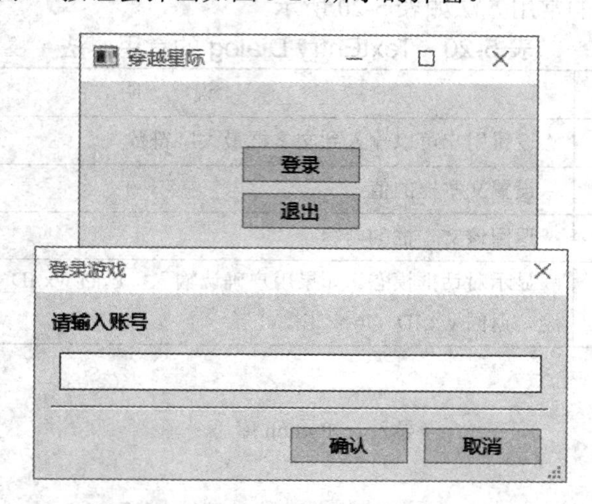

图 5-27　含输入文本框的弹窗运行结果

在文本框内输入相应内容后点击“确认”按钮会反馈对应输出，本题输出“欢迎进入游戏”，点击“取消”按钮弹窗消失。

除了以上举例以外，wxPython 还有其他类，例如 SplitterWindow、HtmlWindow 等，其构建方式大同小异，使用频率相对较低，本书不做阐述。

5.2.4　wxPython 事件处理

事件处理函数在 wxPython 中应用非常广泛，因为 GUI 本身就是人机交互的主要接口，因此，事件处理也是 GUI 程序工作的基本机制之一。常见的监听事件有鼠标左右键点击、鼠标滚轮、键盘输入等。事件函数响应的方法为 bind()，通过从 wx.EvtHandler 类的所有显示对象继承。例如，self.b1.Bind(EVT_BUTTON, OnClick) 表示当某个按钮被点击时调用 OnClick 事件，其中的 EVT_BUTTON 是绑定器，关联按钮单击事件的 OnClick()方法。

常用的来自 wx.Event 的继承子类如表 5-21 所示。

表 5-21　wx.Event 继承子类

事　件	说　明
wxKeyEvent	当一个键被按下或释放时发生
wxPaintEvent	在需要重绘窗口的内容时产生
wxMouseEvent	鼠标活动相关数据，如按下鼠标按钮或拖动
wxScrollEvent	关联 wxScrollbar 和 wxSlider 滚动控制
wxCommandEvent	包含事件数据来自其他构件，如按钮、对话框、剪贴板等
wxMenuEvent	不同的菜单相关的事件，但不包括菜单命令按钮点击
wxColourPickerEvent	wxColourPickerCtrl 生成的事件
wxDirFilePickerEvent	通过 FileDialog 和 DirDialog 生成的事件

【例 5-2】 为 Panel 的实例举例代码添加事件处理函数，要求在点击按钮“上一步”时输出文字“上一步”，点击按钮“下一步”时输出文字“下一步”。

分析 因事件是点击按钮触发，因此可使用绑定器 EVT_BUTTON 来调用，事件函数很简单，就是打印输出一段文字，修改后如下：

```
1    import wx                              #导入 wxPython 库
2    app = wx.App()                         #创建一个应用程序对象
3    win = wx.Frame(None, -1, '穿越星际', size = (300, 200))   #创建窗体对象并设置尺寸
4    panel = wx.Panel(win)                  #创建 panel
5    sizer = wx.BoxSizer(wx. HORIZONTAL)            #创建 sizer
6    #创建两个按钮作为窗体组件，并放置于窗口合适位置
7    button1 = wx.Button(panel, label = "上一步", pos = (60, 40))
8    button2 = wx.Button(panel, label = "下一步", pos = (150, 40))
9    def Onbutton1(event):
10       print("上一步")
11   def Onbutton2(event):
12       print("下一步")
13   button1.Bind(wx.EVT_BUTTON, Onbutton1)
14   button2.Bind(wx.EVT_BUTTON, Onbutton2)
15   panel.SetSizerAndFit(sizer)                #将所有组件添加给 sizer
16   win.Show()                                 #显示窗体
17   app.MainLoop()                             #运行程序
```

运行结果如图 5-28 所示。

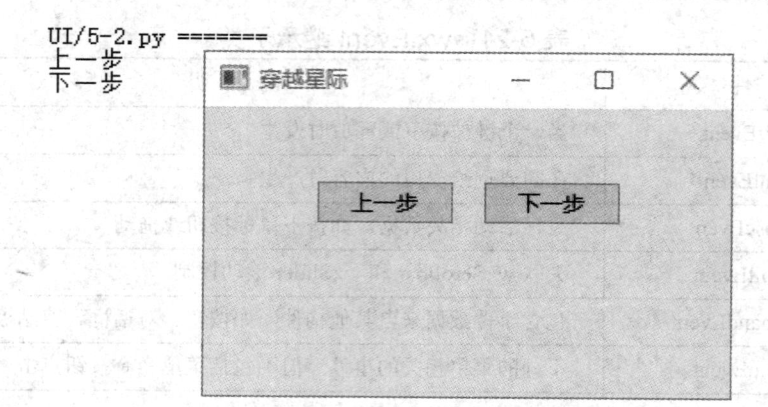

图 5-28　例 5-2 运行结果

当分别点击两个按钮时，都会输出相应结果。

5.2.5　wxPython 图形绘制

在 wxPython 中也有图形绘制接口 GDI+。wx.DC 可理解为画布类，其中：wx.ScreenDC 作画区域为整个屏幕而不是在某个窗口上，窗口移动对其无影响；wx.PaintDC 是描绘在窗口的客户区域，且只能在 wxPaintEvent 内；wx.ClientDC 也是描绘在窗口的客户区域，但不在 wxPaintEvent 内；wx.WindowDC 仅支持 Windows 平台。

与 Turtle 类似，wxPython 中的绘图 API 也有画笔工具、颜色、图形类等，亦可绘制文字和图片文件。常用的绘制对象方法如表 5-22 所示。

表 5-22　绘 图 方 法

方 法 名	描　述
DrawRectangle()	按给定尺寸绘制矩形
DrawCircle()	用给定的点为中心以及半径绘制一个圆
DrawEllipse()	用给定的 x 和 y 绘制一个椭圆
DrawLine()	绘制两个 wx.Point 对象之间的线
DrawBitmap()	在给定的位置绘制图像
DrawText()	使文本显示在指定的位置

下面举例说明：

```
1   import wx
2   class win(wx.Frame):
3       def __init__(self, parent, title):
4           super(win, self).__init__(parent, title = title, size = (300, 300))
5           self.UI()
6       def UI(self):
7           self.Bind(wx.EVT_PAINT, self.OnPaint)
8           self.Centre()
```

```
9          self.Show(True)
10     def OnPaint(self, e):
11         dc = wx.PaintDC(self)
12         bru = wx.Brush("white")              #将背景设为白色
13         dc.SetBackground(bru)
14         dc.Clear()
15         color = wx.Colour(255, 255, 255)     #填充色设为白色
16         b = wx.Brush(color)
17         dc.SetBrush(b)
18         dc.DrawCircle(150, 100, 50)
19         dc.DrawBitmap(wx.Bitmap("new.bmp"), 100, 60, True)
20 ex = wx.App()
21 win(None, '星际穿越')
```

运行结果如图 5-29 所示。

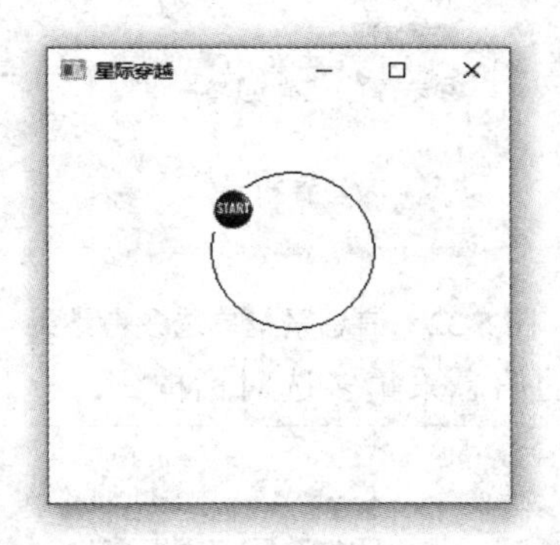

图 5-29 图形绘制运行结果

其运行结果是在创建好的窗口中画了一个白色填充的圆形和图标图片。使用 wxPython 图形绘制主要是作简单的图，当设计内容复杂时还必须使用专业模块。

习 题 五

5.1 创建如图 5-30 所示的窗口及按钮。

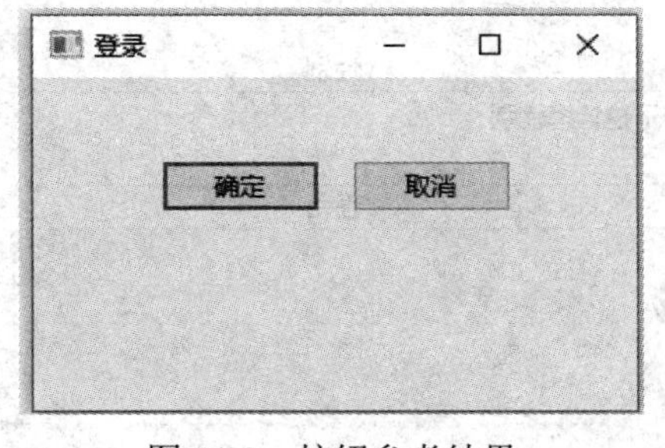

图 5-30 按钮参考结果

5.2　创建如图 5-31 所示的窗口及文本框。

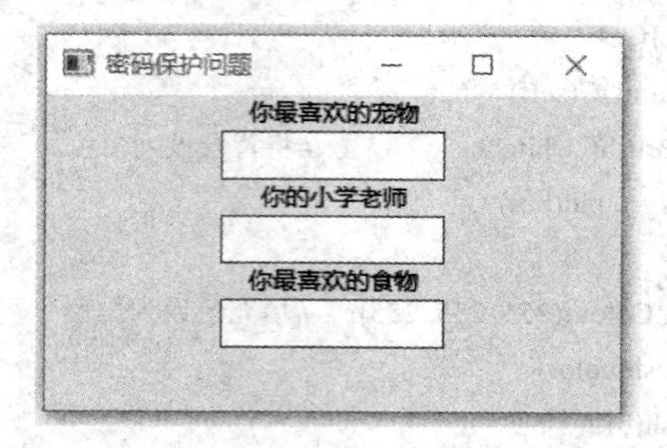

图 5-31　文本框参考结果

5.3　创建如图 5-32 所示的信息采集单选对话框。

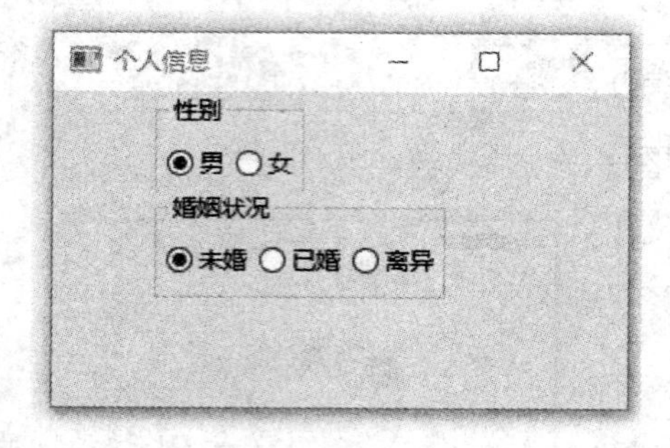

图 5-32　信息采集单选参考结果

5.4　创建如图 5-33 所示的信息采集多选对话框。

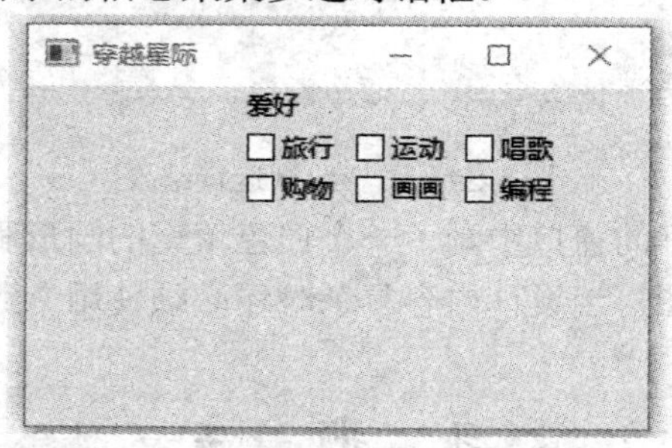

图 5-33　信息采集多选参考结果

5.5　创建如图 5-34 所示的下拉菜单。

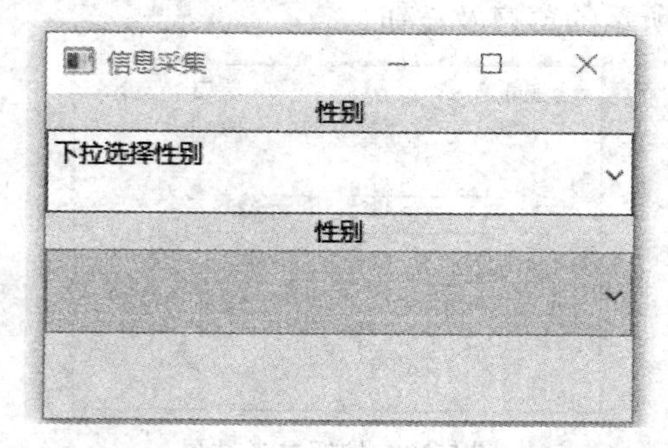

图 5-34　下拉菜单参考结果

5.6　创建如图 5-35 所示的进度条，点击开始更新按钮后进度条开始加载，进度条加载完毕后显示更新完成。

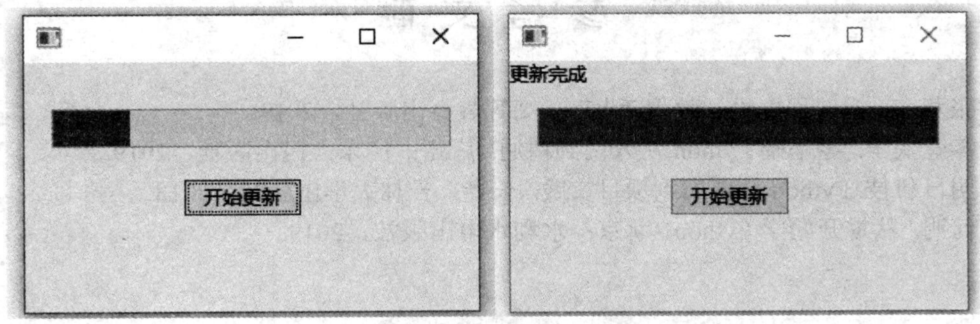

图 5-35　进度条参考结果

5.7　创建如图 5-36 所示的 RGB 调节器，初始值为 100。

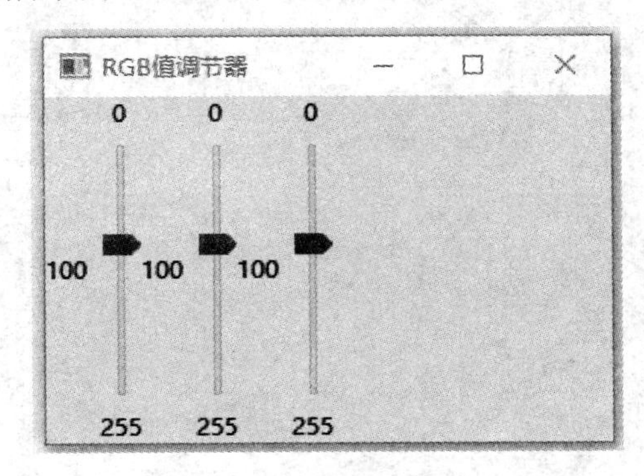

图 5-36　RGB 调节器参考结果

参 考 文 献

[1] 张莉. Python 程序设计教程. 北京：高等教育出版社，2019.
[2] 零壹快学. 零基础 Python 从入门到精通. 广州：广东人民出版社，2019.
[3] 明日科技. Python 从入门到项目实践. 长春：吉林大学出版社，2018.
[4] 何明. 从零开始学 Python. 北京：水利水电出版社，2019.